导弹作战概论

目 光◎著

BASIC THEORY AND METHOD OF MISSILE OPERATION

北京理工大学出版社
BEIJING INSTITUTE OF TECHNOLOGY PRESS

版权专有　侵权必究

图书在版编目（CIP）数据

导弹作战概论/目光著. —北京：北京理工大学出版社，2020.8
（2023.8 重印）
　ISBN 978-7-5682-8881-1

　Ⅰ.①导… Ⅱ.①目… Ⅲ.①导弹–应用–作战–概论 Ⅳ.①E927 ②E835

中国版本图书馆 CIP 数据核字（2020）第 145630 号

出版发行 / 北京理工大学出版社有限责任公司
社　　址 / 北京市海淀区中关村南大街 5 号
邮　　编 / 100081
电　　话 / (010) 68914775（总编室）
　　　　　 (010) 82562903（教材售后服务热线）
　　　　　 (010) 68944723（其他图书服务热线）
网　　址 / http://www.bitpress.com.cn
经　　销 / 全国各地新华书店
印　　刷 / 北京虎彩文化传播有限公司
开　　本 / 710 毫米 × 1000 毫米　1/16
印　　张 / 11.25　　　　　　　　　　　　　　责任编辑 / 梁铜华
字　　数 / 190 千字　　　　　　　　　　　　　文案编辑 / 梁铜华
版　　次 / 2020 年 8 月第 1 版　2023 年 8 月第 6 次印刷　责任校对 / 周瑞红
定　　价 / 98.00 元　　　　　　　　　　　　　责任印制 / 李志强

图书出现印装质量问题，请拨打售后服务热线，本社负责调换

前　　言

写作本书有三个动因：一是运用中导弹作战的战法相对简单和单一，缺乏导弹作战理论的指导；二是研制中对满足导弹作战运用要求的理解和认识不足，需要导弹作战理论的牵引；三是相比于装甲战、舰艇战、航空战等，现有导弹作战理论的系统性、针对性和前瞻性不足。作战理论的重要意义在于，统一各级各部门对导弹作战规律、特点的认识和行动。

写作本书遵循三个原则：一是借鉴现有成果，系统学习和研究炮兵作战理论、拳击理论等基本攻防对抗理论和导弹作战的相关著作；二是研究导弹作战战例，从数十场导弹作战的经典案例中梳理和归纳导弹作战的特点规律；三是技术决定战术，以导弹的创新发展支撑未来的导弹作战。

本书分为九章。第一章导弹作战概念，阐述了导弹、导弹武器系统、导弹作战体系及导弹作战的概念和本质。第二章导弹作战原则，提出了导弹一般作战原则、导弹进攻作战原则和导弹防御作战原则。第三章导弹作战制胜要素，从研究导弹作战的制胜机理出发，提出了"远、快、狠、隐、抗、高"的导弹进攻作战制胜要素和"远、广、快、多、强、高"的导弹防御作战制胜要素。第四章导弹作战能力，阐述了导弹作战体能、技能和战能概念内涵、表现形式及变化规律。第五章导弹作战体能与素质，研究归纳了导弹的本质及解析表征，提出了导弹作战体能的9项基本素质、相互关系以及不同导弹作战的主导素质，研究了基于战争设计的导弹作战体能素质需求生成方法。第六章导弹作战技术与技能，按照导弹打击链展开，阐述了导弹作战技术和技能的概念内涵、基本特征和影响因素，提出了7类35种导弹进攻作战技术、8类33种导弹防御作战技术、3类10种导弹防御反击作战技术、3类12种导弹突防作战技术和3类10种导弹抗干扰作战技术。第七章导弹作战战术与战能，按照导弹作战的制胜要素展开，阐述了导弹作战战术与战能的概念内涵、基本特征和影响因素，提出了7类33种导弹进攻作战战术、8类31种导弹防御作战战术。第八章导弹作战运用，按照打击目标的类型展开，通过归类导弹作战运用的基本作战运用方法，提出了打击指控系统导弹作战运用方法、打击防空导弹防御系统导弹作战运用方法、打击军事设施导弹作战运用方法、打击作战平台导弹作战运用方法、打击潜力目标导弹作战运用方法、打击导弹目标作战运用方法六种基本的导弹作战运用方法；按照作战对手类型的不同和联合作战的要求，提出了针对性的导弹作战运用方法。第九章导弹作战未来，分析了未来作战形态，展望了未来导弹发展趋势，充实了导弹作战的原则、制胜要素、作战技术、作战战术和作战运用。

本书提出了七个方面的新思想：一是导弹中心战的作战概念；二是导弹作战体能、技能和战能的概念；三是导弹作战的本质和制胜机理是夺取"三差"，即空间差、时间差和能量差；四是导弹作战制胜要素和制胜规律；五是导弹作战能力的本质及其表征；六是网络化、分布式、智能化导弹作战样式；七是基于打击目标、作战对手和联合作战的导弹作战运用方法。

本书适用于导弹作战运用的指导、导弹研发设计的牵引、院校教育培训的教材以及领导机关管理决策的参考。

本书是作者对导弹作战理论和规律特点的阶段性思考总结，尚需持续地深化研究和发展提高。不当之处，希望读者批评和指正。

目 录
CONTENTS

第一章　导弹作战概念 ·· 001

一、导弹 ·· 001
　（一）定义 ·· 001
　（二）分类 ·· 001
　（三）特点 ·· 002
二、导弹武器系统 ·· 003
　（一）定义 ·· 003
　（二）组成 ·· 003
　（三）本质 ·· 004
　（四）特点 ·· 005
三、导弹作战体系 ·· 006
　（一）定义 ·· 006
　（二）组成 ·· 007
　（三）本质 ·· 007
　（四）性质 ·· 008
四、导弹作战 ·· 008
　（一）狭义与广义的导弹作战 ·· 008
　（二）导弹进攻作战与导弹防御作战 ·· 008
　（三）导弹作战其他分类 ·· 009
　（四）任务 ·· 009

（五）规律 …… 011
（六）作用 …… 012
五、导弹作战本质 …… 013
　（一）"三差"的概念 …… 013
　（二）夺取"三差"的途径 …… 016
　（三）"三差"的特性 …… 017
六、导弹中心战 …… 017
　（一）什么是导弹中心战 …… 017
　（二）为什么是导弹中心战 …… 018
　（三）如何进行导弹中心战 …… 020
七、导弹作战定制毁伤 …… 021
　（一）概念 …… 021
　（二）分类 …… 022
　（三）运用 …… 023

第二章　导弹作战原则 …… 025

一、导弹一般作战原则 …… 025
　（一）形散能聚，攻防一体 …… 025
　（二）集中火力，重点打击 …… 026
　（三）信火结合，协同运用 …… 026
　（四）迅猛精准，灵活持续 …… 027
二、导弹进攻作战原则 …… 028
　（一）进攻布势，先发制人 …… 028
　（二）体系破袭，优势支援 …… 028
　（三）软硬结合，合理区分 …… 029
　（四）首波重锤，连续打击 …… 030
三、导弹防御作战原则 …… 030
　（一）网络布势，多层防御 …… 030
　（二）立体全面，重点防御 …… 031
　（三）主被互补，目标区分 …… 031
　（四）"四尽"拦截，定制毁伤 …… 032

第三章　导弹作战制胜要素 …… 033

一、导弹进攻作战制胜要素 …… 033

（一）远 ·· 033
　　（二）快 ·· 035
　　（三）狠 ·· 036
　　（四）隐 ·· 039
　　（五）抗 ·· 040
　　（六）高 ·· 041
　二、导弹防御作战制胜要素 ··· 042
　　（一）远 ·· 042
　　（二）广 ·· 043
　　（三）快 ·· 044
　　（四）多 ·· 044
　　（五）强 ·· 045
　　（六）高 ·· 046

第四章　导弹作战能力 ·· 047

　一、概念内涵 ··· 047
　二、表现形式 ··· 048
　　（一）导弹作战是导弹作战能力的综合较量 ···························· 048
　　（二）不同作战样式下三种子能力权重不同 ···························· 049
　　（三）三种子能力具有不同的表现特征 ·································· 049
　三、变化规律 ··· 050
　　（一）导弹作战能力处于动态变化之中 ·································· 050
　　（二）导弹作战能力变化的影响因素 ····································· 050
　　（三）把握和顺应导弹作战能力变化的状态 ··························· 051
　四、建设重点 ··· 052
　　（一）避免导弹作战体系形成短板 ·· 052
　　（二）防止导弹作战链条长、闭环慢 ····································· 053
　　（三）降低导弹作战运用对体系和作战平台的依赖 ·················· 054
　　（四）加强导弹作战经验积累、理论素养和战法训练 ··············· 055

第五章　导弹作战体能与素质 ·· 056

　一、导弹的本质及表征 ·· 056
　　（一）导弹的本质 ·· 056
　　（二）本质的表征 ·· 057

二、导弹作战体能素质 ································· 058
　（一）速度素质 ··································· 058
　（二）射程素质 ··································· 058
　（三）敏捷素质 ··································· 059
　（四）载荷素质 ··································· 059
　（五）目标数量素质 ······························· 060
　（六）体量素质 ··································· 060
　（七）隐身素质 ··································· 061
　（八）高度素质 ··································· 061
　（九）成本素质 ··································· 062
三、体能素质相互关系及主导素质 ··················· 062
　（一）相互关系 ··································· 062
　（二）主导素质 ··································· 063
四、导弹作战体能素质的生成 ························· 063

第六章　导弹作战技术与技能 ···················· 065

一、导弹作战技术概述 ······························· 065
　（一）概念内涵 ··································· 065
　（二）基本特征 ··································· 066
　（三）影响因素 ··································· 066
二、导弹进攻作战技术 ······························· 066
　（一）布势作战技术 ······························· 066
　（二）侦察作战技术 ······························· 068
　（三）决策作战技术 ······························· 073
　（四）兵力机动作战技术 ·························· 075
　（五）导弹攻击作战技术 ·························· 076
　（六）组合打击作战技术 ·························· 081
　（七）效果评估作战技术 ·························· 082
三、导弹防御作战技术 ······························· 083
　（一）布势作战技术 ······························· 083
　（二）探测作战技术 ······························· 085
　（三）指控作战技术 ······························· 086
　（四）制导作战技术 ······························· 086
　（五）毁伤作战技术 ······························· 088

（六）多目标作战技术 …………………………………… 088
　　（七）体系作战技术 ……………………………………… 089
　　（八）被动防护作战技术 ………………………………… 089
　四、导弹防御反击作战技术 …………………………………… 093
　　（一）被动防护反击作战技术 …………………………… 093
　　（二）主动拦截反击作战技术 …………………………… 094
　　（三）迎头反击作战技术 ………………………………… 095
　五、导弹突防作战技术 ………………………………………… 095
　　（一）技术突防作战技术 ………………………………… 096
　　（二）战术突防作战技术 ………………………………… 097
　　（三）体系突防作战技术 ………………………………… 098
　六、导弹抗干扰作战技术 ……………………………………… 098
　　（一）技术能力抗干扰作战技术 ………………………… 098
　　（二）战术运用抗干扰作战技术 ………………………… 099
　　（三）体系支援抗干扰作战技术 ………………………… 099

第七章　导弹作战战术与战能 …………………………………… 101

　一、导弹作战战术概述 ………………………………………… 101
　　（一）概念内涵 …………………………………………… 101
　　（二）战术构成 …………………………………………… 102
　　（三）战术方案 …………………………………………… 103
　　（四）战术创新 …………………………………………… 103
　　（五）战能及其影响因素 ………………………………… 104
　二、导弹进攻作战战术 ………………………………………… 105
　　（一）远打作战战术 ……………………………………… 105
　　（二）快打作战战术 ……………………………………… 107
　　（三）狠打作战战术 ……………………………………… 108
　　（四）隐蔽作战战术 ……………………………………… 110
　　（五）抗击作战战术 ……………………………………… 111
　　（六）高效作战战术 ……………………………………… 112
　　（七）组合作战战术 ……………………………………… 115
　三、导弹防御作战战术 ………………………………………… 117
　　（一）远拦作战战术 ……………………………………… 117
　　（二）广拦作战战术 ……………………………………… 118

（三）快拦作战战术 …………………………………… 119
　　（四）多拦作战战术 …………………………………… 121
　　（五）强拦作战战术 …………………………………… 122
　　（六）高效作战战术 …………………………………… 122
　　（七）组合作战战术 …………………………………… 124
　　（八）被动防护作战战术 ……………………………… 125

第八章　导弹作战运用 …………………………………… 127

　一、导弹作战运用的总体思路 ……………………………… 127
　二、基于打击目标的导弹作战运用 ………………………… 128
　　（一）打击指控系统导弹作战运用方法 ……………… 128
　　（二）打击防空导弹防御系统导弹作战运用方法 …… 132
　　（三）打击军事设施导弹作战运用方法 ……………… 136
　　（四）打击作战平台导弹作战运用方法 ……………… 139
　　（五）打击潜力目标导弹作战运用方法 ……………… 144
　　（六）打击导弹目标作战运用方法 …………………… 145
　三、基于作战对手的导弹作战运用 ………………………… 148
　　（一）体能型作战对手 ………………………………… 149
　　（二）进攻型作战对手 ………………………………… 149
　　（三）防反型作战对手 ………………………………… 149
　　（四）全面型作战对手 ………………………………… 150
　四、基于联合作战的导弹作战运用 ………………………… 150
　　（一）导弹联合作战任务协同 ………………………… 150
　　（二）导弹联合作战区域协同 ………………………… 151
　　（三）导弹联合作战程序协同 ………………………… 151
　　（四）导弹联合作战空间协同 ………………………… 152
　　（五）导弹联合作战时间协同 ………………………… 152

第九章　导弹作战未来 …………………………………… 153

　一、未来的战争 ……………………………………………… 153
　　（一）未来作战新域 …………………………………… 153
　　（二）未来战争形态 …………………………………… 154
　　（三）未来作战样式 …………………………………… 154
　　（四）未来战场特征 …………………………………… 156

二、未来导弹发展趋势 ································ 158
（一）适应未来战争形态的"五化"发展 ················ 159
（二）提高未来武器装备作战效能的"七化"发展 ········ 160
（三）替代未来导弹技术的"三化" ···················· 161
三、未来的导弹作战 ································ 162
（一）未来的导弹作战一般原则 ···················· 162
（二）未来的导弹作战制胜要素 ···················· 163
（三）未来的导弹作战体能与素质 ·················· 163
（四）未来的导弹作战技术与技能 ·················· 164
（五）未来的导弹作战战术与战能 ·················· 164
（六）未来的导弹作战运用 ························ 166

后记 ·· 167

第一章
导弹作战概念

伴随着火箭技术、航空技术和制导技术的发展成熟,最早的 V1、V2 导弹于第二次世界大战期间在德国诞生并立即投入使用。导弹的出现,催生了战争样式向非接触、非线式、非对称转变。导弹的发展,经历了四代导弹装备的更替,推进了机械化、信息化战争演进,第五代导弹装备和智能化战争形态正在加速到来。导弹作战的超越、快速和精准,已经成为拒止规模化的武装力量和大型化的武器作战平台的重要手段。火力机动的优势正在逐步替代兵力机动的传统,集中优势火力夺取战争胜利已经成为集中优势兵力打歼灭战的"掘墓人"。

一、导弹

(一)定义

导弹是指依靠自身动力装置推进,由探测制导系统控制飞行、导向目标,以其硬杀伤战斗部摧毁目标、以其软杀伤战斗部瘫扰目标、以其功能载荷遂行侦察通信等任务的武器装备。

这种定义,相对于导弹是一种打击兵器的传统概念,更强调导弹是一种武器作战平台。作为武器作战平台的导弹装备,它既可以成为精确打击的利器,又可以携带多种功能载荷、遂行多样化作战任务;既可以单独运用,又可以协同作战;既可以用作即时打击,又可以用作战场控制。

导弹概念的延伸和拓展,为导弹技术的创新发展、导弹装备的作战应用以及导弹作战的任务样式提供了更加丰富灵活的可能性。

(二)分类

导弹按不同的属性有不同的分类。随着技术的发展,这种传统的分类界限被逐步模糊。由导弹种类区分造成的行业分工格局,正在被导弹技术的融合化、导弹装备的通用化、导弹使命的多样化所打破。

按作战性质，可分为战略导弹、战役导弹、战术导弹等。

按作战任务，可分为目标打击、预警侦测、目标指示、指挥控制、载荷投送等。

按射程范围，可分为洲际导弹、远程导弹和中近程导弹等。

按载荷类型，可分为核导弹、常规导弹和功能导弹等。

按打击目标，可分为钻地导弹、防空导弹、反舰导弹、反坦克导弹、反辐射导弹、反导导弹等。

按飞行弹道，可分为巡航导弹、滑翔导弹、弹道导弹和跨域导弹等。

按飞行速度，可分为亚声速导弹、超声速导弹、高超声速导弹等。

按发射作战平台与打击目标的关联关系，可分为地对地导弹、地/舰/潜对空导弹、空对空导弹、空对地/舰导弹、舰/潜对舰导弹、舰/潜对地导弹、岸对舰导弹等。

作为导弹作战理论的阐述，本书抽取导弹及其作战运用的共性要素和特征进行分析和归纳，以导弹的基本作战素质、基本作战技术和基本作战战术为主线，构建导弹及其作战运用的一般规律和特点。由于导弹进攻作战和导弹防御作战具有不同的属性，因此本书对进攻性导弹和防御性导弹及其作战运用做了分类。从导弹的未来发展看，模块化、通用化、多能化、跨域化、智能化、协同化的发展特点，决定了导弹的分类界限已开始模糊和打破，传统的导弹分类将不复存在。

（三）特点

区别于传统兵器，导弹具有如下特点：

一是全域。导弹可以在陆地、海洋、天空和太空中飞行和运用，导弹的控制范围可以覆盖整个地球及其对应的空天区域。

二是快速。导弹的飞行速度可以接近第一宇宙速度（7.9 km/s），远超作战兵力及作战平台的机动速度，可以实现"发现即摧毁"。

三是精准。导弹可以实现与目标的直接物理碰撞，具有"外科手术打击"的优势。

四是灵巧。导弹的一体化、小型化、低成本化，可以实现车载、机载、舰载、潜载、星载，可以实现高密度装填和运用，可以适应规模化生产与供应，可以满足不同作战域遂行多样化作战任务的需要。

五是简便。导弹的高可靠性可以保证导弹的长期免测试和免维护，导弹的发射样式既灵活多样又简单可靠，导弹的自主智能可以实现发射后不管。

六是自主。导弹的打击具有自主性，未来的导弹在发现目标、跟踪和识别目标、攻击和飞行规划、选择目标打击部位、抗击干扰和突防等方面可以实现自主智能。

二、导弹武器系统

（一）定义

导弹武器系统是由导弹及其配属的各种装备和设施组成的武器系统。

导弹武器系统是独立遂行作战任务的最小实体作战单元。

导弹武器系统一般装载于导弹作战平台。导弹作战平台是指装载、运输、发射、制导、控制导弹的作战平台，主要包括有人/无人车辆、飞机、舰艇/潜艇、预置武器、空天飞行器等。导弹武器系统是导弹作战平台的核心战斗力，是导弹作战平台火力的重要组成部分。在导弹攻防博弈对抗中，作战平台是导弹作战的"基地"和"家园"，作战平台的装载力、机动力、信息力、指控力、保障力等是支撑和保障导弹作战的基本手段和条件。

（二）组成

导弹武器系统一般由导弹装备、导弹发射装备、导弹引导装备、导弹指控装备、导弹保障装备五大部分组成。

导弹武器系统功能相近，组成相似，宜于标准化、系列化发展，可以实现"一种导弹装载多种载荷、一个系统适装多种导弹、一个作战平台融合多种系统"。

导弹武器系统是遂行导弹作战行动的最基本单元，其作战过程遵循 OODA[①] 作战环的基本规律。随着技术发展和装备、系统、体系智能化程度的提高，串行的 OODA 作战环将会出现串并行、并行和倒置的情况。这种情况下，武器系统的组成将产生重新的定义和划分。

---

① OODA 作战环是观察（Observe）、调整（Orient）、决策（Decide）、行动（Act）的英文简写，由美国空军上校博依德提出。OODA 作战环循环理论的基本观点是：武装冲突可以看作敌对双方相互较量谁能更快更好地完成"观察—调整—决策—行动"的循环程序。双方都从观察开始，观察自己、观察环境和敌方。基于观察，获取相关的外部信息，根据感知到的外部威胁，及时调整系统，做出应对决策，并采取相应行动。

（三）本质

导弹武器系统作为最基本的实体作战单元，其作战运用具有导弹系统攻防对抗的特征。导弹武器系统攻防作战的核心是以武器装备为载体，用某种形式的能量，克服时间差和空间差，投送至作战对手，从而实现对敌人杀伤的过程。自原始战争时代开始，武器的发展始终朝着投送能力更强、毁伤能力更强、对抗能力更强的方向发展。

从时间维度上讲，攻防双方的作战过程都可以用OODA作战环进行描述。OODA是一种将交战过程表示为由观察、调整、决策和行动等几个步骤组成的循环过程的方法，OODA作战环的闭合意味着进攻或防御任务的完成。导弹武器系统攻防对抗的核心是在尽快完成己方导弹武器系统OODA作战环闭环的同时，迟滞和阻断敌方导弹武器系统OODA作战环闭环。因此，**导弹武器系统攻防对抗的本质是攻防导弹武器系统OODA作战环闭环的时间差**。

从空间维度上看，攻防双方作战过程包括物质流、控制流、信息流和能量流"四流"①，"四流"的相互作用决定了攻防双方的作战形态、作战样式和作战能力。在信息化战争时代，攻防对抗不再是双方作战平台的对抗，而变为更深层次、更本质的攻防双方投送武器的对抗，攻防对抗的本质是能量流的对抗。

将以上攻防对抗过程的时间和空间描述统一在同一时空框架下，可得到攻防对抗过程时空图，时空图中攻防双方的OODA作战过程分别以两个平面描述，同时合并进攻与防御系统部分OODA节点，将攻防对抗的"四流"在时空图中用连接节点的边表示，利用平面之间的距离，描述攻防双方的时空差。

将攻防对抗时空图做进一步的简化，提取主要因素，可以得到攻防双方对抗拓扑图。从形状上看，拓扑图可类比于"哑铃"，哑铃的两端分别表示导弹进攻与防御的OODA作战环闭环速度，哑铃的手柄长度表示攻防系统克服时间差的能力。如果将攻方系统时空图看作哑铃，则希望哑铃的手柄越短越好，手柄越短，意味着攻方压缩守方的闭环时间，夺取对守方的时间差优势。如果将守方系统时空图看作哑铃，则希望哑铃手柄越长越好，手柄越长，表示守方能够用来完成闭环的允许时间越长，攻方越容易受到守方的拦截，这意味着守方夺取了对攻方的空间差优势。

根据对攻防作战过程拓扑图的分析可知，防御系统的目的是拉伸哑铃手柄长度，进攻系统的目的在于压缩哑铃手柄长度，因此攻防双方可以被看作一对

---

① 详见《导弹时空特性的本质与表征》，目光团队著，宇航出版社，2019年。

存在相互制约和此消彼长关系的物理系统。从物理本质角度，可将其类比于由一根弹簧和一个滑块组成的简谐振动系统。在该系统中，弹簧若初始处于压缩状态，则其有一个恢复原长的趋势（类似于拉伸），挂载于弹簧上的滑块则起到阻碍弹簧恢复原长的作用（类似于压缩），弹簧与滑块的相互作用，与进攻系统和防御系统压缩/拉伸手柄的目的在本质上是一致的。因此，导弹武器系统的 OODA 作战环模型可以简化为"弹簧模型"[①]。OODA 作战环的闭环时间可以等效为弹簧模型固有频率，频率越高，OODA 作战环闭环周期越短，反之亦然。

$$\omega = \sqrt{\frac{k}{m}}$$

式中：ω 为导弹武器系统等效弹簧的振动频率；

k 为弹簧系统的弹性系数；

m 为弹簧系统滑块的质量。

弹性系数 k 表征着导弹武器系统的核心能力，我们以火力密度 N 与火力打击范围 S 的乘积近似地对应；滑块质量 m 表征着导弹武器系统的惯性，我们以 OODA 闭环时间 T 近似地对应，则有

$$\omega = \sqrt{\frac{NS}{T}} \approx \frac{NS}{T}$$

式中：NS 为表征导弹武器系统火力 N 所做的功，功除以 T 为单位时间所做的功，即功率。

为此，我们将导弹武器系统的核心能力表述为系统功率。

对导弹武器系统而言，火力密度越大、导弹射程越远、OODA 闭环时间越短，则系统功率越大。这正是导弹武器系统设计和优化所追求的目标。

系统功率不仅可以简便直接地表征导弹武器系统的核心能力，还可以用于计算和分析导弹武器系统的贡献度和弹性度。

（四）特点

一体化。导弹与武器系统的其他组成部分、导弹与导弹作战平台的一体化设计，保证了导弹武器系统的一体化发展、建设和运用。导弹武器系统的构建以追求发挥导弹最大作战效能为目标。

模块化。功能相近、组成相似的导弹武器系统组成单元的模块化设计，保

[①] 见即将出版的《武器系统和作战体系时空特性的本质与表征》，目光团队著，北京理工大学出版社，2021 年。

证了导弹武器系统作战运用的模式化、升级改造的便利化、即插即用的标准化。

简单化。导弹武器系统的简单化设计，保证了系统功能单元最少、使用保障最便利、规模生产最快捷。

兼容化。导弹武器系统的兼容化设计，保证了导弹升级改造的适应性，实现了导弹武器系统对系列化发展导弹的向上和向下兼容。

主体化。长期以来，导弹武器系统只是作为作战平台的一个组成部分而存在，作战平台是"老大"，导弹是"配属"，这在某种程度上制约了导弹武器装备作战效能的发挥。今后的发展趋势是，导弹武器系统成为作战平台的主体，作战平台的其他系统围绕着支撑和保障导弹武器系统的作战运用而体现价值。

以上特点，既是现役导弹武器系统的某些特征，更是未来导弹武器系统发展的根本要求。

三、导弹作战体系

（一）定义

导弹作战体系即导弹精确打击体系，是构建导弹作战 OODA 作战环各作战力量的集合。作战力量包括人与武器装备两方面的因素。本书重点阐释导弹作战体系中的武器装备体系。导弹作战体系的运用始于筹划、部署和准备，为突出导弹作战的重点，本书重点阐释导弹作战体系交战的实际过程。

根据打击目标的不同，导弹精确打击体系分为进攻性导弹精确打击体系和防御性导弹精确打击体系两类。对于打击固定和慢速移动类目标（如阵地、舰船等），多属于导弹进攻作战的使命任务，因此用于打击此类目标的导弹作战体系称为进攻性导弹精确打击体系。对于打击动态和高动态类目标（如作战飞机、导弹等），多属于导弹防御作战的使命任务，因此用于打击此类目标的导弹作战体系称为防御性导弹精确打击体系。

进攻性导弹精确打击体系由进攻性导弹打击链所包含的装备体系构成。进攻性导弹打击链表述为"发现—分类—定位—瞄准—打击—评估"六个过程。

防御性导弹精确打击体系由防御性导弹打击链所包含的装备体系构成。防御性导弹打击链表述为"发现—分类—跟踪—瞄准—打击—评估"六个过程。

两者的区别在于定位和跟踪手段、信息运用的差异。

从中可以看出，进攻性和防御性导弹精确打击体系在组成和任务上具有共性，需要一体化论证、设计、发展、建设和运用。

（二）组成

导弹作战体系一般由预警侦察系统、指挥控制系统、导弹打击系统组成。

预警侦察系统。主要包括天基、空/临空基、海/潜基、陆基预警侦察装备。主要承担导弹精确打击的发现、分类、定位/跟踪、瞄准和评估任务。

指挥控制系统。主要包括天基、空/临空基、海/潜基、陆基指挥节点装备。主要承担导弹精确打击的判断决策、指挥控制和信息融合、任务分发。

导弹打击系统。主要包括各类导弹武器装备。主要承担导弹精确打击的攻击/拦截任务，以及辅助性的预警侦察、指挥控制任务。

这种组成不是一成不变的。随着自主智能导弹作战体系的建设和发展，导弹打击链将不再是六个环节的串联，它既可以是从预警侦察到导弹打击的直接交联，又可以是从传统的"准备—瞄准—发射"到"准备—发射—瞄准"作战流程的再造。

导弹作战体系是遂行导弹作战行动的物质基础，其作战过程遵循 OODA 作战环的基本规律。随着技术发展和装备、系统、体系智能化程度的提高，串行的 OODA 作战环将会出现串并行、并行和倒置的情况。在这种情况下，作战体系的组成将产生重新的定义和划分。

（三）本质

导弹攻防作战是导弹作战体系的博弈和对抗。

导弹作战体系对抗的核心是在尽快完成己方导弹作战体系 OODA 作战环闭环的同时，迟滞和阻断敌方导弹作战体系 OODA 作战环闭环。

导弹作战体系对抗的本质是攻防导弹作战体系 OODA 作战环闭环的时间差。

由于导弹作战体系是由多种导弹武器系统有机构成的整体，因此导弹作战体系功率应是导弹武器系统功率的函数。在导弹作战体系中，体系的火力密度为 ΣN_i；体系的 OODA 闭环时间 T 为每个导弹武器系统 T_i 的平均值，即 $(\Sigma T_i)/I$（I 为导弹作战体系中导弹武器系统的数量）；体系的火力范围 S 为 ΣS_i。由此，导弹作战体系功率可表征为

$$\Omega = \frac{\Sigma N_i \times \Sigma S_i}{\Sigma T_i} \times I$$

对导弹作战体系而言，组成的导弹武器系统规模越多、火力密度越大、导弹射程越远、OODA 闭环时间越短，则系统功率越大。这正是导弹作战体系设计和优化所追求的目标。

体系功率不仅可以简便直接地表征导弹作战体系的核心能力，还可以用于计算和分析导弹作战体系的贡献度和弹性度。

（四）性质

导弹、导弹武器系统、导弹作战体系没有性质，既可用于进攻性作战，也可用于防御性作战。

作战任务具有性质，可以区分为进攻性作战与防御性作战。

有无性质的区别在于手段和目的的不同。在传统的观念中，往往将目的的性质映射到手段的性质之中，从而产生了进攻性装备、系统、体系与防御性装备、系统、体系的分野，产生了进攻性装备、系统、体系与防御性装备、系统、体系发展和建设分工，产生了进攻体系与防御体系顶层规划和作战运用的分离。

这种分野、分工和分离，造成装备发展上的"割据"，造成体系建设上的"烟囱"，造成作战应用上的低效。

四、导弹作战

（一）狭义与广义的导弹作战

狭义的导弹作战是指为达成作战目的，在精确打击体系的支撑和支援下，从发现作战目标开始到导弹命中目标、进行打击效果评估、组织后续导弹打击的一系列导弹作战行动。

广义的导弹作战是指明确导弹作战任务、进行导弹作战部署、制定导弹作战计划、组织导弹作战协同、实施导弹作战运用、开展导弹作战保障的一系列导弹作战准备、导弹作战筹划、导弹作战实施的导弹作战行动。

本书重点阐释狭义的导弹作战。

（二）导弹进攻作战与导弹防御作战

导弹进攻作战是指对敌方作战体系、作战力量、作战平台、战场设施、潜力目标等实施主动导弹进攻作战的导弹作战行动。

导弹防御作战是指对对己方具有威胁的敌方导弹作战体系目标和来袭目标

（空中作战平台、临近空间作战平台以及导弹）实施主动/被动导弹防御作战的导弹作战样式。由于威胁作战平台遂行打击任务时，主要依托的也是各种空袭导弹，尤其是随着未来远距离精确打击体系的发展，防御作战面临的来袭目标主要是各类导弹，防御作战的主体和核心是导弹的反导作战（广义的概念，不仅仅指弹道导弹目标）。

（三）导弹作战其他分类

按作战性质，可分为战略导弹作战、战役导弹作战、战术导弹作战等。

按作战形态，可分为导弹突击作战、导弹支援作战等。

按作战任务，可分为导弹进攻作战、导弹防御作战等。

按作战领域，可分为陆上/极地导弹作战、海上/深海导弹作战、空中/临空导弹作战、跨域导弹作战等。

按作战样式，可分为导弹联合作战、导弹合成作战、导弹战斗作战等。

按作战弹种，可分为地地导弹作战、防空导弹作战、巡航导弹作战、空空导弹作战等。

按作战目标，可分为对地导弹作战、反舰/反潜导弹作战、防空/反导导弹作战、制空导弹作战等。

按作战运用，可分为导弹阵地战、导弹游击战、导弹运动战、导弹破袭战、导弹清除战、导弹毁瘫战、导弹失能战等。

（四）任务

1. 突击作战

先期火力打击。 在联合战役初期，敌方进行远距离兵力投送和战役准备，尚未形成整体战斗力之时，以联合远程火力有组织、有重点地对敌方实施火力突击行动。通过破击敌方作战体系、毁瘫战场设施、杀伤有生力量，达到削弱敌方投送能力、迟滞敌方作战准备、限制敌方作战优势、制造敌方心理恐慌的战役目的。

毁瘫指控节点。 目标是敌方的首脑和机关及其与外界相联系的指挥控制系统。消灭敌方的首脑和机关，可使敌方丧失斗志；摧毁敌方的指挥控制系统，可以剥夺和削弱敌方指挥控制能力。

毁瘫防御系统。 目标是敌方的预警探测系统、雷达火控系统、防御兵力火力系统。摧毁预警探测系统和雷达火控系统，可使敌方丧失"眼睛"和"耳朵"；摧毁防御兵力火力系统，可使敌方丧失防御能力。

毁瘫基础设施。 目标是敌方的运输系统、电力系统、生产系统等。摧毁运输系统，如铁路、公路、桥梁、机场、港口等，可使敌方军事和民用物资等的运转速度降低，投送能力下降；摧毁敌方电力系统，可动摇敌方军心、民心；摧毁敌方生产系统，可使敌方丧失战争潜力。

毁瘫兵力火力。目标是敌方作战平台、武器装备和有生力量等。摧毁敌方作战平台，可使敌方丧失机动力；摧毁敌方武器装备，可使敌方丧失进攻和反击能力；杀伤敌方有生力量，可造成敌方心理震撼。

2. 支援作战

支援制权作战。支援网电力量，打击和压制敌方网络信息系统、电子信息系统等目标，夺取制信息权；支援海上作战力量，打击和压制敌方海上、水下、岛礁和港口目标，夺取制海权；支援空中作战力量，打击和压制敌方空中、临近空间和机场目标，夺取制空权；支援陆上作战力量，打击和压制敌方陆上固定、时敏和有生力量目标，夺取制陆权。

支援防御作战。以导弹突击作战，以攻助防，主动防御；以导弹为主构建防空导弹防御系统，对己方重要区域、作战编队和作战目标实施被动防御。

支援其他作战。支援和掩护特种作战；支援空降作战，开辟空降场，掩护空降行动和空降作战；支援登陆作战，打击敌方滩头和纵深防御力量；支援封锁作战，以火力封锁敌方陆上、空中、海上交通枢纽和交通线。

3. 体系作战

导弹侦察战。利用导弹飞行距离远、滞空时间长、突防能力强等特点，将战斗部换装成侦察载荷，遂行态势感知、目标侦察、火力引导、效果评估等任务。它是精确打击体系中预警侦察手段的补充和前置，可以弥补预警侦察能力的短板和不足。

导弹通信战。在弹上加载通信载荷，可在导弹与导弹之间、导弹与作战平台之间、导弹与体系之间，建立信息交互和指挥控制能力，可以弥补体系指挥控制能力的不足。

导弹诱扰战。导弹换装电磁脉冲载荷、电子干扰载荷、激光载荷等，可以采用抵近的方式，对敌方作战体系的电子系统实施软毁伤，开辟导弹作战和其他作战的信息压制通道。

4. 威慑作战

示形威慑。通过导弹部队的拉动、导弹作战平台的机动等作战行动，形成导弹作战的态势，对敌方形成威慑和震慑，以达到不战而屈人之兵的目的。

试射威慑。开展新型导弹的试射，可展示己方导弹作战的新质战斗力，展现己方进一步提升的区域拒止和非对称作战能力，以达到慑止战争的目的。

警示威慑。精心选择打击目标,进行警示性打击,造成敌方心理震撼和恐慌,以达到慑止战争和阻止战争升级的目的。

5. 防御作战

按照导弹防御的作战对象,防御作战可分为:

作战平台防御。拦截各类作战飞机和高超声速飞行器。

导弹防御。拦截各类进攻导弹。

蜂群防御。拦截敌蜂群目标,破袭敌蜂群数据链,打击敌蜂群释放和控制作战平台。

(五)规律

1. 系统性

导弹作战的系统性是指精确打击体系的完备性和有效性。导弹作战是体系与体系的对抗。导弹作战体系是由预警侦察、指挥控制、作战平台、导弹武器、效果评估等系统组成的复杂系统,体系各组成系统相辅相成、缺一不可,是相互联系的整体。

2. 对抗性

导弹作战的对抗性是指导弹交战双方的激烈对抗。按 OODA 作战环理论,导弹攻防作战是导弹进攻作战环与导弹防御作战环的博弈和较量。一方面,己方要尽可能完成自己作战环的闭合,并开始下一作战环的行动;另一方面,还要想方设法阻断和迟滞敌方 OODA 作战环的闭合,造成两个作战环的时间差。这就是导弹作战以快取胜、唯快不破的制胜机理。

对导弹作战而言,先于敌方发现、先于敌方发射、先于敌方命中、先于敌方脱离形成的时间差和空间差,是决定性的制胜因素。导弹作战的非接触、非线式、非对称特征是时间差和空间差的具体体现。

3. 综合性

导弹作战的综合性体现在导弹作战双方在体系能力、导弹武器装备性能、技战术水平、战斗意志的综合较量。综合性既有物质的力量也有精神的力量,既有固有的素质也有训练的养成。任何一个要素的缺失,都会导致在导弹作战的较量中处于下风。

导弹作战能力的建设是一个综合性强的系统工程,需要统筹谋划、协调推进。

4. 创造性

导弹作战的创造性是指作战双方斗智斗勇、斗技斗法的针对性、应变性和创新性。从这个意义上讲,导弹作战不是机械的力量搏击,而是有灵魂、有思想、有智慧、有勇气的活生生的战争实践。其中，创造性是导弹作战的核心和灵魂。

5. 不确定性

导弹作战的不确定性是指各种随机性因素对导弹作战结果带来的不可预见性。这种随机性，既包括体系能力的不稳定性、导弹性能的概率性、战场环境的变化莫测等客观因素，也包括判断决策的偏差、指挥控制的模糊、作战计划的不完备等主观因素。

导弹作战不确定性是战争不确定性的具体反映。战争的任何一方都没有办法完全消除这种不确定性，但是能够努力把不确定性控制在可以接受的范围之内。

（六）作用

1. 导弹作战是现代战争的基本样式

信息化战争的帷幕是由导弹外科手术式的精确打击拉开的。导弹作战成为信息化战争的主角和最基本的手段。导弹作战贯穿信息化战争的全过程。信息化是导弹作战的支撑和保障。

信息化战争的深度发展，为导弹作战提供了更加广阔的舞台和更加丰富的脚本。导弹作战的基本样式随信息化战争的演进而变化。

智能化战争是信息化战争的高级阶段。智能化战争阶段的导弹作战将呈现智能打击的形态。智能打击是导弹打击链的自主控制，是 OODA 作战环的智能闭合。

2. 导弹作战是制权作战的主要手段

导弹作战通过突袭陆上、海上、空中和网电等目标，夺取制陆权、制海权、制空权、制电权和制网权。

导弹作战通过支援其他作战行动，夺取两栖登陆、兵力机动等作战行动的主动权。

夺取制权可以通过其他的手段，但导弹作战是其中最基本、最直接、最高效的作战手段。

3. 导弹作战是夺敌意志的重要方式

导弹作战通过打击敌方指挥中心等节点目标，打击电力设施、道路交通等潜力目标，打击重要人员等首脑目标，动摇敌方继续进行战争较量的意志和决心。

非对称的导弹作战优势，可以提升敌方发动战争的成本代价，能够慑止敌方发动战争或使战争升级的企图。

4. 导弹作战是联合作战的制胜抓手

联合作战既是兵力的联合也是火力的联合,都是集中力量和优势的重要方式。兵力的联合是为了火力的集中运用,火力的集中运用离不开兵力的联合展开。

集中火力是现代战争的基础要求,是联合作战的重要抓手。

5. 基于导弹作战是基于作战平台作战的概念创新

无论是战列舰的巨舰大炮,还是航空母舰的全甲板攻击,过去和现在战争的实力都是以作战平台的规模来衡量的。

随着导弹装备能力的跃升,导弹的机动能力已经超出了作战平台机动的范围。导弹作为作战平台,可以完成传统作战平台的大部分作战任务,火力机动的优势将逐步替代兵力机动的优势。

从这个意义上讲,大型综合的作战平台将不再是未来战争的主角,基于导弹的作战将成为未来战争基本的作战概念和形态。

五、导弹作战本质

不同的导弹作战具有不同的作战准则和制胜机理。空空导弹作战的作战准则和制胜机理是"四先",即先敌发现、先敌发射、先敌命中、先敌脱离。防空导弹作战的作战准则和制胜机理是"四尽",即尽广、尽快、尽多、尽强。地地导弹的作战准则和制胜机理是"五力",即探测力、指控力、生存力、突防力、打击力。巡航导弹的作战准则和制胜机理是"五度",即清晰度、敏捷度、灵活度、精确度、覆盖度。不同的作战准则和制胜机理,既具有共性又具有特色。特色就是导弹作战的特点,而共性就是要寻求的导弹作战的本质。**导弹作战的本质就是夺取导弹作战的"三差",即空间差、时间差和能量差。导弹作战的本质就是导弹作战的制胜机理。**

(一)"三差"的概念

1. 空间差

导弹作战的空间差是指攻防双方导弹作战体系的覆盖范围差。广义上讲,导弹作战的空间差还包括弹目交会的空间精度差。

导弹作战的覆盖范围是指导弹作战体系的发现范围、分类/识别范围、定位/跟踪范围、瞄准/指控范围、打击范围和评估范围的交集。

导弹作战的空间差主要包括导弹作战体系的发现空间差、分类/识别空间差、定位/跟踪空间差、瞄准/指控空间差、打击空间差和评估空间差等。

夺取导弹作战的空间差就是形成己方能够打击敌方、敌方不能够打击己方的导弹作战空间优势。空间优势既体现在导弹射程的覆盖范围方面，也体现在导弹的作战域方面。

创造、捕捉和利用导弹作战的空间差，是导弹作战重要的制胜机理，是导弹作战第一个灵魂之所在。

在导弹攻防博弈对抗中，如果一方在导弹打击的空间差上（导弹射程远、作战域新）占优势，但在发现空间差、分类/识别空间差、定位/跟踪空间差、瞄准/指控空间差和评估空间差上存在差距，就会在导弹作战中产生发现难、识别难，打得远、看不远，抓不住、抗不了等突出问题，成为导弹作战体系的突出短板，造成导弹作战体系空间差的整体差距。

整体的差距，除了技术水平、体系能力的技术性原因外，更有导弹作战体系发展和建设缺乏统一的顶层规划、体系的主建由多个军种分别负责、进攻性和防御性作战体系研用脱节的体制性因素。

解决整体差距，除了补强短板之外，发挥导弹的"长板效应"[①]，加强导弹作战体系的一体化论证、建设和运用，也是重要的解决途径。

2. 时间差

导弹作战的时间差是指攻防双方导弹作战体系 OODA 作战环的闭环时间差。广义上讲，导弹作战的时间差还包括导弹制导和引爆控制的时间精度差。

OODA 作战环的闭环时间是指导弹作战体系完成观察（Observe）、调整（Orient）、决策（Decide）、行动（Act）作战环所需要的时间，它是观察时间、调整时间、决策时间和行动时间的累加。缩短闭环时间是观察、调整、决策、行动时间的综合平衡，不能顾此失彼，不能"毕其功于一役"。

导弹作战的时间差是导弹作战体系的发现时间差、分类/识别时间差、定位/跟踪时间差、瞄准/指控时间差、打击时间差和评估时间差的累积。同样，追求时间差也需要在上述各个时间差中寻求取得平衡和折中。

夺取导弹作战的时间差就是攻防双方在导弹作战体系对抗博弈中，形成先敌毁伤作战目标的导弹作战时间优势。

创造、捕捉和利用导弹作战的时间差，是导弹作战重要的制胜机理，是导弹作战第二个灵魂之所在。

在导弹攻防博弈对抗中，一方在导弹打击的时间差上（导弹飞行快）占

---

① 长板效应相对于短板效应而言。短板效应即"木桶理论"，是指木桶的盛水量取决于最短的板，长板效应则是指木桶倾斜后，盛水量取决于最长的板。导弹长板效应的核心是指利用导弹的"长板优势"和作战平台功能，弥补导弹作战体系中侦察发现、指挥控制能力的不足。

优势,但在发现时间差、分类/识别时间差、定位/跟踪时间差、瞄准/指控时间差和评估时间差上存在差距,则会产生发现慢、识别慢、判断慢、决策慢、准备慢、评估慢,成为己方导弹作战体系的突出短板,造成己方导弹作战体系时间差的整体差距。

整体的差距,除了技术基础、体系能力、训练水平、实战经验的原因外,更有导弹作战体系建设各自为战、指挥决策层级多、保障体系复杂、导弹作战链条长的体制性因素。

解决整体差距,除了补强短板之外,发挥导弹的"长板效应",改变导弹的发射和作战流程,压缩导弹作战的指挥层级,也是重要的解决途径。

3. 能量差

导弹作战的能量是指保持和支撑导弹作战空间差和时间差的能力。广义上讲,导弹作战的能量差还包括导弹毁伤目标的威力差。

导弹作战的能量差是指攻防双方各自保持和支撑导弹作战空间差和时间差的能力差。能量差比较的是攻防双方导弹作战的持续能力和潜力。

提高导弹作战的能量差需要在转变导弹研发上下功夫。一是导弹的低成本、小型化和高密度装填,增强火力强度和密度;二是导弹供应保障的市场化、便捷化和标准化,高效补充和恢复火力的消耗。

提高导弹作战的能量差需要在转变导弹作战理念上下功夫。一是从毁瘫体系到破袭体系的转变。把敌方的作战体系毁瘫,固然能够取得显著的战果,但付出的代价巨大。通过精准打击敌方作战体系的关键节点目标,造成体系破网断链和解构,同样可以达到使敌方作战体系失效的目的,实现事半功倍。二是从击沉、击落、击毁目标到使目标失能的转变。传统的导弹作战以击沉、击落、击毁目标为任务标的,代价巨大,仅击沉一艘防御能力完备的驱逐舰,就需要使用反舰导弹数十枚。如果导弹能够对目标的毁伤区域进行选择,使目标的关键能力丧失,其作战效果等同于击沉、击落、击毁目标,如仅击毁导弹驱逐舰四面阵雷达,就可以使其防空能力丧失,导弹驱逐舰就要退出作战编队。

作战理念的转变,前者需要精准地掌握敌方作战体系的关键节点,后者需要导弹目标选择能力的提升。

夺取导弹作战的能量差就是攻防双方在导弹作战体系对抗博弈中,形成有效打击作战目标的导弹作战能量优势。

创造、捕捉和利用导弹作战的能量差,是导弹作战重要的制胜机理,是导弹作战第三个灵魂之所在,是确保导弹持续作战能力的关键因素。

在导弹攻防对抗博弈中,一方的导弹作战体系若存在实战能力弱、导弹抗干扰能力不强、导弹对打击目标的区域选择能力尚不具备、作战体系对导弹的支撑和保障能力不足、导弹的成本过高等问题，就会成为己方导弹作战体系能量的突出短板，造成己方导弹作战体系能量差的整体差距。

整体的差距，除了技术性原因外，更有作战观念落后的因素。

解决整体差距，重点是要转变导弹作战的理念和观念。

（二）夺取"三差"的途径

"三差"是相对的，是在与敌作战体系对抗博弈中综合体现出来的。夺取"三差"包括扬长避短和克敌制胜，两个方面的因素缺一不可。

1. 依靠能力提升

通过提升导弹作战体系各组成部分的战技性能和实战化能力，夺取"三差"。

通过补强导弹作战体系的短板，夺取"三差"。

通过发挥导弹的"长板效应"弥补导弹作战体系的不足，夺取"三差"。

通过抑制和削弱敌方作战体系的能力，夺取"三差"。

通过转变作战观念、改变导弹作战体制机制、再造导弹作战流程，夺取"三差"。

通过知己知彼，扬长避短，克敌制胜，夺取"三差"。

通过导弹作战的自主智能，夺取"三差"。

2. 依靠体系布势

通过导弹作战体系的前置布势，夺取时间差和空间差。

通过导弹作战体系的无源隐蔽布势，夺取时间差。

通过导弹作战平台的抵近布势，夺取时间差和空间差。

通过导弹作战体系的立体布势，夺取时间差和空间差。

通过导弹作战体系的冗余布势，夺取能量差。

通过破袭敌方作战体系的攻击布势，夺取能量差。

通过变革导弹发展和采办模式，夺取能量差。

3. 依靠协同运用

通过天基信息与导弹的一体化协同运用，夺取"三差"。

通过预警机、侦察机与导弹的一体化协同运用，夺取"三差"。

通过察打一体无人机的一体化协同运用，夺取"三差"。

通过作战平台与导弹一体化协同运用，夺取"三差"。

通过导弹蜂群的分布式协同运用，夺取"三差"。

通过提高导弹作战的技战术水平，夺取"三差"。

(三)"三差"的特性

1. 独立性

"三差"的独立性是指导弹作战的空间差、时间差和能量差分属不同的作战维度,夺取的手段和方法也不尽相同,夺取"三差"作战行动具有相对的独立性。

2. 关联性

"三差"的关联性是指导弹作战的空间差、时间差和能量差相互关联和影响,往往此消彼长,如随着空间差的提高,在不提高飞行速度的情况下,导弹需要飞行更长的时间,但时间差反而降低了。

3. 综合性

"三差"的综合性是指导弹作战的综合差,是空间差、时间差、能量差之和。夺取综合差,就是要使"三差"之和最大。"三差"的均衡、某一维度的差取得显著优势,均有利于夺取综合差。

4. 本质性

在与势均力敌的敌方导弹攻防作战对抗中,导弹攻防作战体系的相对距离是相同的,进攻/防御导弹的射程和作战能量也没有显著的差别。唯一容易形成差别的是导弹攻防作战体系 OODA 作战环闭环的时间差。这不仅与导弹作战体系的体能有关,而且与其战能和作战运用直接相关。因此,时间差更具有导弹作战制胜的本质性。

5. 源头性

"三差"是导弹的固有能力属性在攻防对抗中的实战表现。固有能力是设计出来的,是导弹研发过程中所赋予导弹的本质属性。因此,设计既是固有能力的源头,也是实战能力的发源地。

六、导弹中心战

(一)什么是导弹中心战

1. 定义

导弹中心战是指将导弹作为核心作战手段的作战形态和作战指导。

其核心思想是在作战中构建、利用和发挥导弹作战的"长板"优势,将导弹优势化作攻防对抗优势,化作战斗力优势,化作体系优势,化作网电优势,化作作战平台优势,夺取作战的主动权和胜利。

其主要体现是将导弹作战作为最基本、最常用、最灵活、最有效的作战样式，使导弹作战形态成为战争的基本作战形态。

其根本目的是通过构建、利用和发挥导弹作战的优势，创新作战理论，丰富作战运用，提高作战效能，形成作战指导。

2. 内涵

一是从集中优势兵力到集中优势火力。集中优势兵力打歼灭战是以往战争的基本指导原则。导弹中心战更加强调集中优势火力打歼灭战。在空间上，兵力是分散化和分布式的；在时间上，火力是集中的。

二是从兵力机动到火力机动。以往的战争形成优势兵力靠的是兵力的机动。导弹中心战更加强调导弹火力的机动，依靠不同方向、不同战场、不同作战平台的火力，通过合理的规划和运用，使导弹火力达成局部时空的优势。火力机动相比兵力机动更加快捷，更加高效。

三是从兵力的联合作战到火力的联合运用。以往的联合作战是各军种兵力的联合作战。导弹中心战强调的是各军种火力的联合运用，依据作战任务和各种导弹火力的不同特点形成联合运用的优势。

3. 意义

一是丰富作战样式。依靠导弹不同的体能素质、作战技术和作战战术，可以形成灵活多样的导弹作战运用方式，为未来战争和作战提供更加丰富的作战手段和作战样式。

二是改变作战形态。导弹中心战是继网络中心战、作战平台中心战、兵力中心战和体系中心战等传统形态之后，又一全新的作战形态。在导弹中心战形态下，网络、作战平台、兵力和体系成为导弹作战的支撑和保障，网络、作战平台、兵力和体系的运用服从和服务于导弹的作战运用。

三是形成不对称优势。一方面，导弹的"长板"优势可以弥补己方网络、作战平台、兵力和体系的不足；另一方面，导弹的"长板"优势可以破袭敌方网络、作战平台、兵力和体系的优势，从而形成非对称的作战优势。

（二）为什么是导弹中心战

1. 从战争的本质特征看

战争的本质是"消灭敌人、保存自己"。消灭敌人的基本手段是兵器。兵器的发展经历了从拳脚石器、刀枪剑戟、枪炮弹药到导弹的过程。未来的定向能武器是导弹武器的潜在替代者，这种替代先从近程开始，完全替代尚需要较长的历史过程。在未来相当长的一个时期内，导弹仍然是"消灭敌人、保存自己"的主要手段。

通过网络、体系、作战平台等可以削弱敌方的作战能力，但难以直接消灭敌方的有生力量。

2. 从战争形态的演变规律看

技术形态决定战争形态。由于技术形态首先决定兵器形态，因此兵器形态往往决定战争形态。兵器与其装载作战平台的发展是动态相长的过程，兵器与作战平台的相互关系是影响战争形态的重要因素。

兵器的发展经历了拳脚石器、刀枪剑戟、枪炮弹药和导弹、定向能武器的发展过程。作战平台的发展经历了依靠人力、自然力、机械力、电力、核力等发展过程。在一定的历史时期内，不同兵器形态与作战平台形态的组合构建形成了不同的战争形态，兵器和作战平台交替扮演着战争的主角。

拳脚石器与人力作战平台的结合，拳脚石器的数量、质量及其作用范围决定了兵器是主战的战争形态。

刀枪剑戟与车马舟船的结合，车马舟船的机动速度和范围决定了作战平台是主战的战争形态。

枪炮弹药与车马舟船的结合，枪炮弹药的火力密度和范围决定了兵器是主战的战争形态。

枪炮弹药与现代机械化作战平台的结合，现代机械化作战平台的机动能力决定了作战平台是主战的战争形态。这种情况随着航母的出现和发展而达到顶峰。

导弹与信息化作战平台的结合，在导弹的打击范围远小于作战平台机动范围的情况下，作战平台是主战的战争形态；在导弹的打击范围超过作战平台的机动范围的情况下，兵器是主战的战争形态。例如，航母舰载机的作战半径为1 000 km，目前舰载机挂载导弹的射程只有几十到几百千米，因此航母作战平台是主战的战争形态。随着导弹的射程超过和远超过1000 km，导弹将逐步地替代舰载机的作用而成为主战的战争形态。

从以上的战争形态演变规律看，兵器和作战平台交替在战争形态中发挥主导作用，"兵器—作战平台—兵器—作战平台—兵器"的循环往复，昭示着作为兵器主体的导弹将成为航母之后主宰战争形态的主导因素。

3. 从作战能力的构成要素看

作战能力一般由"机动力、火力、信息力、防护力、保障力"五个方面的战力构成。

随着导弹技术的发展，导弹飞行速度和射程进一步提高，导弹的机动力开始超过作战平台，而且机动成本远低于作战平台。

导弹是火力的重要组成部分和主体力量，导弹能力的提升使得火力更加凸显。

导弹也是一种作战平台，通过搭载不同的信息载荷，可以形成和提供战场态势、目标指示、指挥协同、制导控制的作战信息，成为信息力的重要组成部分。

过去的火炮是提供防护力的主要手段。目前和今后相当长时期内，导弹是提供防护力的主要手段。未来的定向能武器将部分地替代导弹成为防护的手段。因此，导弹是防护力的主体和核心。

无论在平时还是战时，相对于作战平台的技术和作战保障，导弹的保障将更加便捷和高效。

4. 从控制战争的风险看

导弹中心战符合战争受控的发展趋势，能够满足胜战和规避战争风险双重需要。

随着人类文明的进步，战争受控发展仍是历史主流。在信息化深入发展的背景下，误伤、无差别杀伤和过度杀伤，将大幅增加战争风险和政治成本，轻则招致国际社会谴责，销蚀战争合法性和道义基础，重则引发强烈反弹，加剧形势紧张甚至使形势滑向失控。

导弹中心战基于其精准可靠的特点，提供了一种精准定制杀伤手段，满足战争受控的需要。

综上，导弹是当前和未来作战的主角，导弹中心战是战争形态发展的必然阶段。

（三）如何进行导弹中心战

1. 将导弹力量作为核心力量

一是始终把导弹的发展和建设置于重中之重的战略地位。

二是改变传统作战平台是"老大"、导弹是作战平台配套装备的传统理念，使作战平台最终成为导弹的作战"基地"。

三是与势均力敌的敌方形成非对称的导弹作战优势。

2. 将导弹运用作为重要手段

一是将导弹作战样式作为未来作战的基本形态。

二是将机动力、信息力、防护力、保障力向火力聚焦和倾斜。

三是丰富导弹作战理论、作战技术和作战战术，并不断实践和完善。

3. 将导弹作战体系作为基本前提

一是同步推进导弹作战体系的建设与发展。

二是不断提升导弹作战体系的完备性、可靠性和鲁棒性。

三是充分发挥导弹的"长板"优势，弥补导弹作战体系的差距和不足。

七、导弹作战定制毁伤

传统的毁伤模式有击毙、击毁、击沉、击落、击碎、击瘫等，这些模式是机械化战争形态的毁伤理念，是典型的能量型（超压、破片、动能）失基毁伤，旨在剥夺作战部队的生命力和作战平台的机动力。进入信息化战争形态，迎接未来智能化战争形态，需要对传统的毁伤概念进行变革。

（一）概念

定制毁伤是基于目标时代特性和进化特性的增量性、针对性的有效毁伤。针对时代目标和进化目标，寻找最关键且最易损的目标增量特性，匹配最敏感且最适宜的毁伤元素和毁伤途径，实施失基、失性、失能、失联、失智的"五失"毁伤，使目标丧失全部或部分有效特性，从而达到有效毁伤的目的。

目标的时代特性是指冷热兵器战争时代的目标毁伤特征、机械化战争时代的目标毁伤特征、信息化战争时代的目标毁伤特征、智能化战争时代的目标毁伤特征（表1-1）。

表1-1 目标的时代特性

时代	毁伤目标	毁伤机理	毁伤特征
冷热兵器战争	有生力量	致命	剥夺生命力
机械化战争	作战平台	击毙/击毁/击沉/击落	剥夺机动力
信息化战争	作战体系	致盲/致哑/致瘫	剥夺信息力
智能化战争	智能体系	错误感知/破袭算力	剥夺智能力

各个战争时代的毁伤特征都具有向前的兼容性。

定制毁伤不再单一追求击毙、击毁、击沉或击落目标，而是找到目标的薄弱环节和"七寸"，实施针对性的和定制式的打击毁伤，使目标的核心功能和能力丧失，即使目标尚具有生命力、机动力等初级功能和能力，但随着核心能力的丧失，其功能和在作战体系中的作用会受到极大削弱，甚至必须退出作战体系，而退出作战体系又需要其他作战力量的辅助和保障，退出的代价更大。

定制毁伤是顺应信息化战争和智能化战争的新型毁伤概念。如果说冷热兵器战争的毁伤概念是剥夺生命力，机械化战争的毁伤概念是剥夺机动力，则信息化战争的毁伤概念就是剥夺信息力，而智能化战争的毁伤概念则是剥夺智能力。

(二) 分类

1. 按目标特性分类

运动特性。包括目标的速度/加速度特性、空间特性、时间特性等。高速近距目标是需要首先打击的重点目标。

物理特性。包括雷达反射面积 RCS、红外辐射、射频辐射等目标"六觉"特性。目标主动辐射的各类信号是需要首先利用的目标物理特性。隐身目标是需要首先打击的重要目标。

结构特性。包括目标的物理结构和功能结构,物理结构是指目标的力学结构、防热结构等,功能结构是指目标的预警探测、指挥控制、打击火力等功能的布局。对目标物理结构和功能结构的选择性打击是定制毁伤的基本出发点。

易损特性。包括目标物理结构的易损特性和功能结构的易损特性。无论是预警机、航母还是导弹发射车,信息力是其易损特性。

气动特性。包括目标的气动力特性和气动热特性。

衍生特性。是指目标与环境相互作用产生的目标特性,包括辐射特性、噪声特性、振动特性等。

2. 按目标能力分类

机动力。包括目标的机动速度、机动范围等。毁伤机动力除击落、击沉、击毁等方式外,还包括有效降低目标的机动速度和机动范围。

信息力。包括信息感知能力、信息处理能力和信息交互能力等。压制和毁伤信息感知能力是定制毁伤的重要样式。

指控力。包括指挥控制及时性、准确性、可靠性,其基本的手段是通信。压制和毁伤指控力主要是摧毁和打击通信节点、干扰和破坏通信链路。

火力。包括各类火炮、导弹和定向能武器等。反导作战的源头是定制毁伤搭载导弹火力的作战平台。

防护力。包括感知防护力和打击防护力等。压制和毁伤感知防护力是定制毁伤防护力的有效手段。

保障力。包括作战保障、装备保障和人员保障等。作战保障和人员保障是定制毁伤的难点和重点。

3. 按目标形态分类

单目标。包括设施类单目标、导弹类单目标和平台类单目标等。尽早发现单目标是定制毁伤的前提。

多目标。包括同时出现的多个目标、依次出现的多批目标等。识别和打击高威胁的目标是定制毁伤的要点。

蜂群目标。包括有人/无人协同目标、无人协同目标等。有人目标和协同手段是定制毁伤的重点。

体系目标。包括 OODA 作战链条上的节点目标，如"穿透性制空"空中作战编队、航母战斗群中的预警机等。OODA 节点目标是定制毁伤的首要目标。

（三）运用

1. 对航母战斗群的定制毁伤

一是定制毁伤舰载预警机。舰载预警机是航母战斗群信息中心、网络电磁战中心、指挥中心和控制中心，航母战斗群通过舰载预警机连接成为一个有机的战斗整体，舰载预警机的能力范围决定了航母战斗群的作战空间。航母战斗群若失去舰载预警机的支援，将彻底丧失作战能力，若不敢轻易使用舰载预警机，则航母战斗群的能力会受到极大削弱。远程反辐射攻击、网电攻击、远程空空导弹攻击等是有效的舰载预警机定制毁伤手段。

二是定制毁伤舰载机起飞和降落。舰载战斗机是航母战斗群作战能力的核心。航母丧失舰载机起降能力，则航母战斗群就会丧失作战能力。对航母的定制毁伤，包括选择性打击飞行甲板、弹射装置、升降电梯、引导控制系统、阻拦索等以毁伤舰载机的起降能力。

三是定制毁伤航母战斗群防御能力。担负航母战斗群空中防御的水面舰艇主要是装备有导弹防御系统的巡洋舰、驱逐舰和护卫舰。失去护卫舰艇的防御能力，航母将失去生存能力。定制毁伤舰载导弹防御系统的四面阵雷达、干扰阻断舰载导弹防御体系的信息网络，会取得事半功倍的作战效果。

2. 对分布式作战的定制毁伤

一是定制毁伤核心。对于海上分布式作战，航母及其舰载预警机是其作战核心。对空中分布式作战/穿透式制空作战，空中预警机是其作战核心。对有人/无人协同的分布式作战，有人系统是其作战核心。定制毁伤其核心，就会使敌方分布式作战体系战斗力减弱或者瘫痪。

二是定制毁伤网络。分布式作战达成的关键是作战平台和导弹之间赖以联络的高速数据链，这个数据链将各个作战平台和导弹构成完整的分布式作战体系。定制毁伤数据链的节点和传输通道，就会把连成一体的分布式作战体系转变成独立的作战个体，从而瓦解分布式作战体系。

三是定制毁伤平台。当分布式作战体系瓦解成为独立的作战个体时，根据每个个体的特性，可以定制毁伤作战平台和打击目标。

3. 对隐身飞机的定制毁伤

隐身飞机对雷达探测的隐身能力主要依靠外形隐身、涂层隐身和电子隐身三种途径。采用定制毁伤模式，使隐身飞机的隐身性能下降，降级成为非隐身飞机，则可以利用传统的防空导弹对丧失隐身能力的飞机实施拦截作战。

4. 对蜂群目标的定制毁伤

蜂群目标具有低慢小群机动、自主协同作战的特点。这些特点依赖协同数据链达成。采用"失联式"定制毁伤模式对蜂群协同数据链实施持续阻断和干扰，则能定制毁伤蜂群协同数据链，造成蜂群解体，从而丧失协同作战能力。

5. 对智能目标的定制毁伤

智能目标具有感知、认知和行为"三维一体"的智能活动特征。对智能目标的定制毁伤可采取反感知、反认知和反行为的毁伤模式。反行为的定制毁伤，实际上是对目标的失基毁伤。反感知的定制毁伤，实际上是对目标信息感知能力的失性、失能和失联毁伤。反认知的定制毁伤，实际上是对目标形成认知能力的"算数""算力""算法"的软毁伤。

第二章
导弹作战原则

导弹作战原则是导弹作战需要遵循的基本准则。作战原则涵盖导弹精确打击体系、作战平台和导弹武器装备,覆盖导弹 OODA 作战环的全过程。导弹作战原则包括导弹一般作战原则、导弹进攻作战原则、导弹防御作战原则三个方面。

一、导弹一般作战原则

导弹一般作战原则是导弹作战的通则,反映导弹作战的基本流程、客观规律和把握要点。

(一)形散能聚,攻防一体

1. 形散能聚

形散能聚是指导弹兵力和火力作战部署的"形"有利于形成导弹作战的"势"。通过分布式部署的"形散",达成集中优势火力的"能聚"。布势的总体要求是进可攻、退可防,有利于兵力和火力的机动。

统一区分。针对不同军兵种、不同种类导弹、不同装载作战平台的性能特点和长短板,按照扬长避短、审势用弹、提高效益的原则,合理区分任务。其中,战略级的力量,要由上级统一掌握;战役战术级的力量,要向下级部队配属。

灵活编组。兵力要化整为零、小群多样、分散部署。除了有主战编组之外,还要有预备编组和机动编组。

动态配置。适应现代战争的特点要求,兵力和火力编组要实行分散部署、梯次部署、纵深部署和网状部署,以提高机动能力、生存能力和作战能力。

2. 攻防一体

攻防一体是指导弹的进攻作战和防御作战是一个有机的整体,是一个问题的两面,是相互作用的对立统一。现代导弹作战行动节奏快、攻防转化快,没有防御的进攻是"自杀式"的进攻,没有进攻的防御则会被动挨打。

导弹作战的进攻体系和防御体系既有联系也有区别。有联系是因为两个体系的某些要素是共用的,有区别是因为两个体系的一些要素是相互独立的。因此,对一些作战平台而言,进攻和防御会相互影响,需要分时控制。这种体系的分离性与攻防作战一体性的要求是格格不入的。

以攻助防、以动助防、以藏助防、以防助攻、攻防转换、防御反击等,是常用的和有效的攻防一体举措。

(二)集中火力,重点打击

1. 集中火力

集中火力是指把各种火力集中到重点方向、重点时机和重点目标上。它是对传统战争"集中优势兵力打歼灭战"思想的继承和发展。从兵力的集中转变为火力的集中,从兵力的机动转变为火力的机动,从数量的优势转变为质量的优势,从硬打击转变为软硬结合打击,从静态集中到动态集中,这是现代战争集中火力的重要体现。

2. 重点打击

重点打击是指在打击方向、打击目标、打击时机的选择上突出重点。没有重点就没有战略,也就没有战争的胜利。重点打击的同时,要兼顾全方位、全纵深打击。重点打击的方向要与战役的主要方向相一致,重点打击的时机要与战役的攻防关节相协调,重点打击的目标要与剥夺战争意志的战役目的相结合。

(三)信火结合,协同运用

1. 信火结合

信火结合是指信息力与火力的直接交联。信息力是火力的倍增器。

星导结合,是指卫星和导弹的直接交联。导航卫星可以向导弹分发导航定位信息和时间基准信息,通信卫星可以向导弹分发指挥控制信息,侦察卫星可以向导弹分发目标信息。这些信息和导弹的制导控制信息相结合,可以实现导弹制导精度链的闭合,完成导弹作战任务,这是典型的从传感器到射手的交联。

机导结合,是指飞机与导弹的直接交联。预警飞机可以为导弹提供目标信息和态势信息,作战飞机可以为导弹提供引导信息,无人机可以为导弹提供侦察信息,这些信息都有利于导弹提高突防能力、目标跟踪能力和打击能力。

舰导结合,是指水面舰艇与导弹的直接交联。水面舰艇获取的目标和态势信息可以与导弹获取的制导信息双向交联，为导弹作战提供全面的信息支援。

地导结合，是指地面作战单元与导弹的直接交联。地面发射单元可对导弹发射飞行初段进行引导和控制。地导结合的另一种形态，是特种兵直接召唤导弹打击。

导导结合，是指导弹与导弹之间的直接交联，这是导弹协同作战的技术基础。信息级的交联可使导弹之间共享制导信息，信号级的交联可使导弹共享其他导弹的"眼睛"。

2. 协同运用

协同运用是指兵力和火力之间的主动配合和密切协同。信息突击、兵力突击和火力突击相辅相成，互为补充，连成一体。

攻防体系的协同运用，依靠体系要素组合和快速转换达成。信息与火力的协同运用，依靠信息链联通达成。军种兵力的协同运用，依靠指挥控制网联通达成。导弹蜂群的协同运用，依靠弹间数据链联通达成。

协同运用既有兵力协同也有火力协同，既有时间协同也有空间协同，既有程序协同也有随机协同。

（四）迅猛精准，灵活持续

1. 迅猛精准

迅猛精准是指准备充分、反应迅速、火力猛烈、打击精准。

准备充分，体现在周密计划、情报收集、兵力部署、火力筹划、组织协同等方面。反应迅速，体现在快速反应能力和快速机动能力等方面。

火力猛烈，体现在短促的时间内实施高密度导弹作战、给敌方以沉重的打击和强烈的震撼等方面。打击精准，主要体现在首发命中、发发命中，并达到要求的毁伤程度等方面。

2. 灵活持续

灵活持续是指导弹作战的战法灵活和持续打击。

战法灵活，体现在充分发挥导弹作战的体能、技能和战能优势，体现在有效提高导弹作战的生存能力、突防能力和打击能力，体现在精准地把握敌方作战体系短板瓶颈和薄弱环节，体现在充分适应战场空间和战场环境等方面。

持续打击，体现在满足火力密度和火力强度的要求，体现在持续有效的导弹作战保障和技术保障，体现在导弹武器装备持续快速生产、供应等方面。

二、导弹进攻作战原则

导弹进攻作战原则是指导弹一般作战原则在导弹进攻作战中的具体体现。

（一）进攻布势，先发制人

1. 进攻布势

进攻布势是指有利于导弹进攻作战的导弹作战体系布势。

进攻布势多采用前置布势，以利于夺取"三差"，对敌形成快速突然的导弹打击。

进攻布势多采用梯次布势，在主要作战方向上，构建远、中、近三个梯次的导弹作战体系，构建打击不同目标的导弹力量任务布局，构建首波打击、后续打击和预备打击的导弹作战波次布势。

进攻布势多采用机动布势，利用快速灵活的机动调整部署，调动敌方、捕捉战机、击敌要害。除兵力机动外，更加强调利用火力机动的手段和方法。

2. 先发制人

先发制人是指对敌方发起主动的导弹进攻作战。

要先准备。发起主动的导弹进攻作战，必须做好充分的作战方案、打击计划、火力部署、综合保障等准备工作。为夺得先机，准备工作既要快速又要隐蔽，要做到未战先胜。

要先料敌。加强战场的侦察和监视，预判敌方可能采取的下一步作战行动，抓住敌方调整火力兵力、准备开始作战行动的有利时机。

要先发现。对于固定目标，需要战前做好目标准备和攻击规划，实现一击中的。对于临机出现的目标，需要快速发现、快速打击，利用察打一体和召唤打击，实现发现即摧毁。对于时敏目标，通过预警侦察力量的前置和侦察信息与导弹火力的直接交联，实现尽远打击。

要先打击。在打击时机上，选择敌方立足未稳、攻防转换、调整布势之时，实现隐蔽突然打击。在遭遇作战中，灵活采用"准备—发射—瞄准"的作战流程，在导弹的飞行过程中寻找、确认和瞄准打击的目标，实现先下手为强。

（二）体系破袭，优势支援

1. 体系破袭

体系破袭是指通过导弹作战破袭敌方的作战体系。

导弹作战最重要的任务是破袭敌方作战体系，一方面可以削弱敌方作战能力，另一方面可以提高导弹进攻作战的有效性。

导弹进攻作战首选目标是敌方作战体系重要节点，包括指控中心、通信枢纽、防御系统、预警系统、作战设施、潜力目标等。

导弹破袭作战可以充分发挥导弹作战的非接触、非线式、非对称作战优势，对敌方作战体系节点目标实施精准和持续打击，与网电进攻作战相互结合，共同实现破网断链、使作战体系瘫痪的目的。

2. 优势支援

优势支援是指集中优势火力支援制权作战。

在时间上集中优势火力，在同一作战时刻和作战时段内同时发起攻击，造成敌方作战体系的瞬间崩溃，使其来不及补充、修复和调整，为己方后续作战行动创造条件。

在空间上集中优势火力，对主要作战方向的主要区域和重点目标实施导弹攻击，造成敌方作战体系重点节点目标的永久毁瘫，改变敌我双方作战体系力量的对比。

利用导弹作战打击敌方陆上作战力量，支援陆军部队夺取制陆权。利用导弹作战打击敌方海上作战力量，支援海军部队夺取制海权。利用导弹作战打击敌方空中作战力量，支援空军部队夺取制空权。利用导弹作战打击敌方网电作战力量，支援网电部队夺取制信息权。

（三）软硬结合，合理区分

1. 软硬结合

导弹进攻作战打击的重点往往是敌方严密防御的目标。在严密防御之下，导弹的打击效果往往大打折扣。在实施导弹作战打击之前，必须首先解除敌方的防御武装。

通过网电进攻和电磁压制，先使敌方变成"聋子""瞎子""哑巴"。再通过导弹打击和蜂群攻击，破袭敌方防御系统，最后实施对目标的导弹攻击。

这是典型的导弹作战与网电作战的联合运用。

2. 合理区分

根据各军种导弹作战力量的优势和特点不同，区分导弹联合作战中各军种的使命任务和打击目标。

根据导弹作战平台的优势和特点不同，区分导弹联合作战中各作战平台的使命任务和打击目标。

根据不同种类导弹的优势和特点不同，区分导弹联合作战中各类导弹的使命任务和打击目标。

根据战役目的、战场空间、作战环境和作战对手情况和特点不同，区分导弹联合作战中导弹作战的使命任务和打击目标。

（四）首波重锤，连续打击

1. 首波重锤

首波重锤就是要在首波次导弹打击中，就击敌要害，把体系打垮，把敌方打怕，不给敌方以喘息之机。不排除在首波重锤之前进行试探性打击。

2. 连续打击

任何导弹作战都不可能一蹴而就，需要对敌方作战目标进行持续的打击和补充打击。进行持续和补充打击，打击效果评估是关键，导弹的储备规模是基础，体系的连续作战能力是前提。

三、导弹防御作战原则

导弹防御作战原则是指除导弹一般作战原则之外，导弹防御作战的特殊原则。随着新的作战理念和装备技术不断发展，防御作战原则还会呈现新的变化。

（一）网络布势，多层防御

1. 网络布势

防御导弹武器系统是敌方进攻作战首要的打击目标之一。导弹武器系统典型的"弹站架"作战单元模式为反辐射侦察和打击提供了条件。防御系统的生存能力和在强对抗条件下的实战能力是防御系统布势需重点解决的问题。

防御系统多采用网络布势，预警网、探测网、指控网和打击网一体化建设和运用，具有区域覆盖、运用灵活、抗毁和重组能力强的特点。

网络化的布势可以实现防御系统互联、互通、互操作。

2. 多层防御

传统的防御系统分为远中近、高中低多层，又区分为防空、反导和临近空间防御三类。由于一型导弹往往只能承担一层式一类的防御任务，因此为应对不同的空中来袭目标，需要部署远中近、高中低多层的防空反导一体化防御系统。

S-400防空反导一体化系统的一个作战单元内的导弹同时具有远中近、高中低防空反导能力。随着这类装备的大规模列装，多层部署的防御系统布势将会发生根本改变。

（二）立体全面，重点防御

1. 立体全面

立体是指导弹防御作战的空域要覆盖敌方进攻所有可能的来袭方向，远近高低防御空域无死角。

全面是指导弹防御作战的目标要覆盖敌方进攻所有可能的来袭目标，包括飞机、导弹、蜂群目标等。

2. 重点防御

重点防御就是要针对敌方进攻作战的重点方向、重点目标和重点作战样式，合理地确定导弹防御作战的重点方向、重点力量部署和重点防御的目标类型。没有重点防御就没有立体全面。

（三）主被互补，目标区分

1. 主被互补

主被互补是指主动防御与被动防御相辅相成、优势互补。

主动防御就是要对敌方进攻作战体系进行主动进攻和反击。主动防御的意义在于削弱和中断敌方进攻作战的意图、体系和能力，实现以攻助防。例如，针对某区域国家的弹道导弹威胁，某军事强国联合区域内国家采取了主动的"4D"战略。"4D"指的是探测（Detect）、扰乱（Disrupt）、摧毁（Destroy）、防御（Defense），所体现的是对弹道导弹的源头——军工厂、发射场、交通要道、发射车等，进行主动的探测、干扰和打击。而被动的防御只是最后的措施。

被动防御是对敌来袭目标的拦截和打击。

2. 目标区分

目标区分是指根据不同的来袭目标区分导弹防御作战的力量、任务和种类。

对于弹道导弹、空天飞行器、临近空间高超声速来袭目标的拦截和打击，一般由地基/海基反导系统担负。对于作战飞机、亚声速巡航导弹等目标的拦截和打击，在远域一般由空中力量担负，在中远域和中近域一般由地基/海基防空系统担负。

(四)"四尽"拦截,定制毁伤

1. "四尽"拦截

"四尽"拦截是指尽快拦截、尽广拦截、尽多拦截和尽强拦截。

尽快拦截是指防御作战面临敌方目标快速来袭时,尽可能快速地发现目标并发射导弹,快速杀伤目标。

尽广拦截是指防御作战面临敌方目标多方向来袭时,在尽可能广的空域内杀伤目标。

尽多拦截是指防御作战面临敌方多目标饱和攻击时,具备足够多的导弹数量和制导通道,并能同时应对来袭目标。

尽强拦截是指防御作战在导弹防御资源有限的条件下,在最大程度上杀伤来袭目标。

2. 定制毁伤

传统的防空导弹对目标的毁伤一般采用破片杀伤和直接碰撞两种方式,这两种毁伤方式都属于使目标解体的物理毁伤,这是一种典型的"失基式"毁伤。这种物理毁伤方式对于高速新型目标等,实现难度大,代价不菲。

"失基式"毁伤是传统的毁伤模式,其核心是依靠爆炸和碰撞能量击毁、击沉、击落和击瘫目标。对于新型的目标,应创新发展新型定制毁伤模式。其中一种模式称为"失性式"定制毁伤,即使目标的性质发生改变,如隐身特性等;另一种模式称为"失能式"定制毁伤,即使目标的能力和功能发生缺损,如信息感知能力等。第三种模式称为"失联式"定制毁伤,即使分布式协同目标和群目标的数据链路发生阻断。"失基式"毁伤模式是典型的机械化战争毁伤形态。

从广义的角度看,"失基式""失性式""失能式""失联式"毁伤均属于定制毁伤范畴。

第三章
导弹作战制胜要素

导弹作战制胜要素体现的是导弹作战的制胜机理。导弹作战的制胜机理是导弹作战制胜要素及其相互关系。导弹作战制胜要素是导弹作战的核心能力，是导弹作战特点和规律的直接反映，是导弹作战运用必须把握的基本要求。导弹作战制胜要素分为导弹进攻作战制胜要素和导弹防御作战制胜要素。导弹进攻作战制胜要素为"远、快、狠、隐、抗、高"。导弹防御作战制胜要素为"远、广、快、多、强、高"。

一、导弹进攻作战制胜要素

（一）远

"远"主要指尽可能拓展导弹作战的作用空间。这个空间越广阔，火力机动的范围就越大，拒敌方于国门之外的距离就越远，敌方在这个作用空间范围内将无处藏身，将无立足之地。

1. 发现敌情远

发现敌情远就是要尽远地发现敌方的作战目标，尽远地发现敌方的作战态势，更大范围地掌控作战空间内敌方情况、己方情况、战场情况等基本情况和变化动态。

远是相对的概念。只要能够先于敌方发现，远就具有了实战的意义，就能够使己方抢占胜利的先机，取得主动的地位。

2. 目标确认远

远距离的敌方情况和目标具有很强的模糊性和很大的不确定性。目标确认远就是要在远距离发现敌方情况的基础上，分清楚目标是敌是友、是军是民、是真是假、是重要还是一般；在对目标进行分类的基础上，对需要打击的目标进行定位，定位的精度要满足导弹瞄准打击的基本需要。

目标的确认过程是去伪存真、去粗取精、由表及里、由此及彼的认知过程。认知的结果既取决于目标信息的多源和充分，又取决于对这些多源信息的融合和联系起来的思考。

3. 作战平台机动远

发现和确认目标之后，就需要调整攻防双方的攻防态势。如果己方先于敌方发现，则调整己方兵力和火力至有利于己方进攻、不利于敌方防御的态势；如果敌方先于己方发现，则调整己方兵力和火力至有利于己方防御、不利于敌方进攻的态势。

作战平台在远距离情况下的机动，是调整攻防双方攻防态势的主要和重要途径。调整不是一成不变和一厢情愿的，需根据敌方情况、己方情况和战场情况进行实时、动态的调整。为了迷惑敌方，作战平台的机动和态势的调整需要真真假假、虚实结合。

4. 导弹射程远

导弹的射程远，就可以先于敌方进入有利的发射阵位，就可以先于敌方进行导弹的发射和进攻，就可以取得导弹作战的主动权。

导弹的射程远，就可以在敌方的有效防御范围之外，实施防区外导弹打击，从而有效保护己方作战平台的安全。

射程远也是一个相对的概念，先于敌方的命中是导弹作战的最终目的。被命中的敌方目标将会削弱其攻防能力，更便于己方实施后续的导弹作战。

5. 目标截获远

受制于导弹自身的感知能力，导弹对于目标截获的距离远小于导弹的射程。导弹目标截获距离越远，导弹对作战平台和作战体系的依赖就会越低，对敌方作战目标的定位精度要求就会放宽，敌方的作战目标就更加难以逃脱导弹攻击。

目标截获远有利也有弊。对于实施主动探测的导弹来说，目标截获越远意味着主动导引头开机越早，探测信号强度越大，导弹攻击的意图暴露就越早，就越有利于敌方对己方进攻的导弹进行拦截、干扰和欺骗。因此，截获与被截获始终处于博弈对抗过程之中，需要将截获的技术和战术紧密结合、扬长避短。

6. 作战平台脱离远

"扶上马、送一程"，是许多导弹离开发射作战平台以后对作战平台依赖的真实写照。导弹真正实现"发射后不管"，依赖于导弹自身的能力和导弹作战体系的支援，但在复杂背景下的目标识别方面，导弹的自主能力远远抵不上人在回路的干预。因此，是否发射后不管需要视具体情况而定，不能一概而论和一刀切。

即便这样，作战平台对导弹的支援和控制越少，导弹中末制导交班越早，作战平台就可以在更远的距离、有更加充裕的时间脱离敌方的控制范围，从而极大地提升作战平台的安全性，有利于作战平台实施连续的导弹进攻和其他作战行动。对许多作战平台而言，攻防转换的速度往往取决于作战平台对导弹的支援程度。

（二）快

"快"主要指赢得对敌方导弹作战的时间差。这既是以快胜慢制胜机理的体现，也是消灭敌方、保存自己的必然要求。

1. 抓住目标快

抓住目标快就是要先敌方快速发现导弹攻击的目标，快速确认目标，快速为导弹的攻击规划提供条件。

抓住目标快将使敌方来不及展开作战行动，也会使敌方无法逃脱己方导弹的打击。

2. 部署调整快

部署调整快就是要根据敌方情况快速调整己方兵力部署，快速形成火力优势。

部署调整快需要兵力、火力等方面按照统一的部署和指挥实施联动。部署调整快，将使敌方跟不上己方调整的变化，摸不透己方调整的意图，而且敌方容易在被己方调动的过程中露出破绽，给己方以取胜的先机。这是导弹运动战的真谛之所在。

3. 指挥决策快

指挥决策快就是要求各级指挥员根据发现的敌方情况，迅速判明形势，迅速判断敌方意图，迅速抓住敌方的弱点和短板，迅速定下决心和导弹作战的方案。

指挥决策慢就会贻误战机，且对敌方情况的误判造成的指挥决策失误，将会导致作战的失败。

4. 系统反应快

系统反应快是指导弹武器系统能够快速响应指挥员的决策，快速将各作战要素指向导弹打击的目标，快速将目标的相关要素注入导弹的攻击规划之中。

系统反应的快慢不仅取决于武器系统的固有能力，还与敌方对己方武器系统和打击链阻断、迟滞的作战影响密切相关。需要有效地提升对抗情况下的系统反应能力。

5. 飞行机动快

飞行机动快是指导弹在飞行过程中具有强的机动性。导弹的机动性正比于导弹的机动过载与机动速度的乘积。机动性是导弹突防能力的基础。

导弹的飞行速度越快,越有利于实现对时敏目标的发现即摧毁,越有利于实现先于敌方命中。导弹在高速飞行条件下的机动过载能力越高,敌方对己方导弹的拦截难度就越大,己方导弹的突防能力就越强,导弹作战的有效性就越高。

实施导弹有效机动的前提是导弹能够自主发现敌方的威胁和对己方导弹的拦截,但这就会增加导弹的复杂性。可以利用战术的办法和体系的能力,降低单纯依靠导弹的机动性抵消拦截的难度。

6. 随机应变快

随机应变快是指快速适应战场瞬息万变的形势,坚持敌方变己方变、己方变在先,使敌方始终处于被动挨打的局面。

随机应变快,一方面依靠战前充分的导弹作战预案准备,另一方面取决于精确打击体系和作战指挥的灵活高效。

7. 波次攻击快

波次攻击快是指对敌方实施连续的导弹攻击,直至达成导弹作战的目的。波次攻击快的前提是对作战效果快速的评估,是对敌方、己方态势快速再调整,是对导弹武器快速连续发射能力的高要求。

波次攻击的速度快是一个方面,波次攻击的变化快是更重要的方面。变化快将使敌方无所适从、应接不暇。

8. 攻防转换快

攻防转换快是指由进攻转入防御或由防御转入进攻的时间短、速度快。进攻与防御是导弹作战不可分割的组成部分。己方强大的进攻力量之所在,往往是被敌方导弹重点打击之目标。因此,在导弹进攻的同时必须做好防御的准备,在进行防御的同时必须做好进攻的准备,有效缩短攻防转换的时间。

最好的攻防转换是攻防一体,是防御的同时进行攻击,是进攻的同时进行防御。这需要建立既相互独立又相互联系的攻防作战体系。

(三) 狠

"狠"包含"准"和"猛"两个方面。打得狠是打得准和打得猛的有机结合,是导弹作战能力的核心要素。"准"是指导弹作战过程中情况掌握和指挥准确、打击和保障精准。准确是导弹作战的前提,精准是导弹作战的灵魂。"猛"是指导弹作战火力的猛烈程度。猛烈的火力既可以摧毁敌方的目标,又可以压制住敌方的作战行动，不给敌方喘息和反击的机会。猛烈的火力还可以形成对敌方强大的心理震撼和威慑。在导弹支援作战中，可以为后续的作战行动创造有利的局面。

1. 敌情感知准

敌情感知准是指及时而准确地感知敌方情况的变化动态。拨开迷雾，准确地发现敌方目标。洞察秋毫，准确地判明示假的诱饵。

感知敌方情况不仅要关注当前的敌方情况态势，还要对一段时期以来敌方情况的发展变化进行全面的把握，依据敌方的作战理论、作战习惯、作战要求，科学准确地预见敌方的下一步动向，使得导弹作战的火力筹划建立在准确判明敌方情况的前提之下。

2. 目标定位准

目标定位准是指预警侦察系统为导弹提供准确的目标位置坐标，为导弹的瞄准提供基础和条件。

目标定位越准确，对导弹发射准备时间、目标截获距离、导弹飞行速度的要求就越低，导弹作战就更加从容不迫，弹种的选择就更加灵活和高效，导弹作战的空间和时间就会更加充足。

同时也应该看到，目标定位越准确对预警侦察系统的要求就越高，就越难做到目标发现远、目标确认快。需要协调平衡、统筹兼顾。

3. 威胁感知准

威胁感知准是指及时准确地发现和判明敌方进攻的导弹对己方的威胁，以便于己方采取相应的防范措施。

威胁感知的信息可以由体系提供，可以由作战平台提供，同样也可以在导弹飞行过程中实时获取。

4. 协同配合准

协同配合准是指导弹作战体系各要素之间的准确配合，导弹与作战平台之间的准确配合，导弹与导弹之间的准确配合。

协同配合作战是形成优势火力的重要条件，是精确打击体系能力强大的内在体现，是导弹作战力量能力和水平的试金石。

5. 打击命中准

打击命中准是指导弹准确命中目标，从而有效毁伤目标或使目标失能。精准是导弹的应有之义。

有效地毁伤目标不仅取决于命中精度，还与战斗部的毁伤能力、目标的易损结构、引战配合的默契程度以及作战的环境密切相关。

6. 综合保障准

综合保障准是指精准地开展导弹的作战保障、技术保障和后勤保障。作战保障是导弹作战不可或缺的情报、通信、气象、地理等作战要素。技术保障是保持和恢复精确打击体系和导弹武器装备可靠有效的重要措施。后勤保障旨在"兵马未动粮草先行"。精准是指不多不少、不早不晚、恰到好处地提供保障。

保障力也是战斗力。精确的保障可以长时期地保持导弹作战的能力，可以提高保障的效能和效益。

7. 体系猛

体系猛是指导弹构建的精确打击体系具有健壮有力、勇猛强势的特征。体系的勇猛是导弹作战部队作风勇猛的具体表象，是体现精确打击体系力量强弱的根本标志。

构建要素健全的体系、冗余关键的体系要素、体系具有在高对抗条件下的任务能力和体系受损条件下的灵活重组能力等，是体系猛的有效和常用的措施。

8. 兵力猛

兵力猛是指导弹作战部队的作风勇猛和作战平台的机动勇猛。两强相遇勇者胜，在瞬息万变的战场环境中，只有靠猛攻、猛打、猛冲、猛追，才能够抓住稍纵即逝的战机，抓住敌方的一丝慌乱和胆怯，从而赢得导弹作战的胜利。

勇猛的战斗作风是一支作战部队的光荣传统。作战平台的勇猛机动，除了依靠作战平台自身的性能之外，更需要依靠作战部队高超的技战术水平和敢打必胜的信心勇气。

9. 网电猛

网电猛是指在导弹攻击之前先进行猛烈的网络进攻和电磁频谱作战，以削弱敌方的作战体系战斗力或使其瘫痪，为导弹的进攻奠定基础。网电进攻越猛烈，持续时间越长久，敌方作战体系的能力就会受到越大的局限和压缩，导弹的进攻就会更加顺利。因此，信火一体是任何作战一方都追求的境界。

网电进攻之后往往伴随着导弹进攻。如果频繁地进行网电进攻，并不总是伴随着导弹进攻，就会造成敌方的麻痹和消耗，就会使导弹进攻更具有突然性和隐蔽性。

10. 火力猛

火力猛是指集中火力的程度高。多军种、多弹种、多方向、高密度的火力覆盖是火力猛的一种表现，持续不断的波次打击是火力猛的另一种表现。

猛烈的火力既可以摧毁敌方的目标，又可以压制住敌方的作战行动，不给敌方喘息和反击的机会，猛烈的火力还可以形成对敌方强大的心理震撼和威慢，在导弹支援作战中，可以为后续的作战行动创造有利的局面。

11. 威力猛

威力猛是指导弹对目标毁伤的猛烈程度。不同的战斗部种类，可以对目标产生不同的毁伤作用。导弹作战有效性的最终检验，就是看能不能有效地毁瘫目标。

随着技术的发展和导弹功能的拓展，导弹携带的载荷不再局限于战斗部，许多功能载荷和能量载荷陆续地装载至导弹上。对侦察载荷而言，威力猛体现在对目标侦察的实时性和准确性方面；对通信载荷而言，威力猛体现在能够有效地沟通导弹与导弹、导弹与作战平台、导弹与体系之间的信息联系；对能量载荷而言，威力猛体现在最大功率或者功率密度方面。

（四）隐

"隐"是指隐藏和隐蔽导弹作战行动，这是达成导弹作战突然性的决定性因素。历次战争的导弹作战实践表明，突然的导弹打击能够造成敌方在毫无防备的情况下仓促应战，从而发挥导弹作战出其不意的突击效果。

1. 作战意图隐

作战意图隐是指不让敌方发现己方实施导弹作战的意图，或者通过隐真示假，造成敌方对己方真实作战意图的误判。

隐藏真实的作战意图一般通过战略欺骗达成，因为意图本身是难以真正隐藏起来的，一种结果的出现往往有一万次症候的暴露。

2. 作战平台行踪隐

作战平台行踪隐是指作战平台的行踪可以暴露兵力调整的动向和意图，隐蔽作战平台的行踪就可以使敌方难以跟踪作战平台的去向，从而难以展开有效的导弹作战。

隐蔽作战平台的行踪可以通过实施无线电静默、选择特殊的天候和气象、利用特殊的地形和地理条件等方式实现，也可以通过隐真示假、虚实结合的方式实现。

3. 发射症候隐

发射症候隐是指隐藏作战平台发射导弹的症候和痕迹，避免过早地暴露导弹作战的行动。

作战平台发射导弹有许多症候，比如半主动制导雷达对目标的照射、潜艇水下发射导弹时导弹出水和出筒的噪声、作战平台保持一定的航向航速不变等，这些症候如果被敌方探测到，就会使敌方有充足的时间做好防范准备，从而削弱导弹作战的效果。同时，这些症候还会暴露发射作战平台的性质和位置，使得作战平台自身受到敌方导弹打击的威胁。

他机发射、无源式制导、人为地制造发射症候造成敌方频繁虚警等，是隐蔽作战平台行踪行之有效的方法。

4. 飞行机动隐

飞行机动隐是指导弹隐蔽飞行，造成导弹作战行动突然的战术原则。如果敌方掌握己方进攻导弹的飞行踪迹，就会相应地做好目标的防护，就会在导弹沿途组织拦截或者诱扰。

对弹道导弹而言，最有效的隐是降低弹头的雷达反射面积RCS、增加导弹的诱饵、实施导弹的变轨飞行等。对巡航导弹而言，最有效的隐是降低导弹的飞行高度，使其目标特性隐藏在海杂波和地杂波之中，造成敌方难以发现和难以拦截。对临近空间飞行的高速导弹，主要是通过机动飞行增加敌方拦截的难度。

5. 探测信号隐

探测信号隐是指导弹隐藏自身携带的传感器和末制导装置对外辐射的探测信号，从而使敌方的被动探测系统和告警系统难以在远距离下感知到导弹进攻的威胁。

导弹往往采用主动体制的末制导雷达来截获和感知目标，为了实现远距离的截获往往需要采取增加飞行高度、提高发射功率等措施和手段。这种主动辐射的大功率信号具有明确的雷达指纹，不仅可以警示敌方导弹的进攻，而且也为敌方对来袭导弹的拦截和干扰提供目标指示。这也是一把双刃剑。

采用低截获技术的探测器、采用被动探测体制、采用光学成像制导、利用外来信息进行协同探测和制导等，是隐藏导弹探测信号常用的方法和有效的措施。

6. 对抗诱扰隐

对抗诱扰隐是指进攻的导弹能够有效地应对敌方目标释放的诱饵、干扰，己方导弹目标的高隐身特性会造成敌方的探测难和诱扰难。诱饵会使导弹打错目标，干扰会使导弹偏离目标，隐身会使导弹难以截获和稳定跟踪目标。

配置不同体制导引头的导弹协同攻击、深入地研究诱饵特性和干扰特性、增加导弹感知目标的信息维度、提高导弹处理目标信号的智能化水平等，是对抗诱扰隐的常用和有效措施。

（五）抗

"抗"是指导弹作战体系的抗毁能力、抗拦截能力和抗干扰能力。导弹作战是攻防双方作战体系的对抗。对防御方而言，摧毁进攻方导弹作战体系、拦截和干扰来袭导弹，是进行体系对抗、削弱导弹进攻能力的重要举措。因此，对导弹进攻方而言，导弹作战体系的抗毁能力、抗拦截能力和抗干扰能力就成为导弹进攻作战成败的关键。

1. 抗毁能力

抗毁能力是指导弹进攻作战体系在敌方实施体系破袭作战的情况下，仍能保持体系有效作战的能力。

抗毁能力一般通过体系的冗余设置和灵活重组实现。

2. 抗拦截能力

抗拦截能力是指导弹的突防能力。突防能力是指进攻导弹突破敌方导弹防御拦截的能力。

抗拦截能力一般通过技术突防、战术突防和体系突防获得。

3. 抗干扰能力

抗干扰能力是指导弹进攻作战体系预警探测、指挥控制和导弹末制导抵抗敌方干扰的能力。

抗干扰能力一般通过技术体制抗干扰、战术运用抗干扰和体系支援抗干扰获得。

（六）高

"高"是指导弹作战的高效能、高效率和高效益。一场战争需要打击的目标，少则几十、多则成百上千，每个目标都至少需要若干发导弹和若干个波次的打击。精确制导弹药的消耗是惊人的，由于精确制导弹药价格昂贵、生产周期长，必须合理、高效、节俭地使用。

1. 体系高效

体系高效是指高效地构建和运用导弹作战的精确打击体系。通过高低搭配和老旧结合，构建满足要求、皮实耐用的精确打击体系。通过对不同目标、不同场景的合理运用，最大限度地发挥精确打击体系的能力和效能。

高效的精确打击体系可以缩短 OODA 作战环的闭环时间，可以方便地满足不同弹种、不同任务的导弹作战需求，可以灵活地重构精确打击体系。

2. 筹划高效

筹划高效是指高效地筹划兵力和火力。火力的筹划涉及面广、动态性强、时空协同要求高，战前的筹划往往不能适应战时的各种不确定性和随机性，必须根据战场的变化，快速高效地筹划新的导弹作战方案。

火力筹划不能只依靠筹划系统的自动生成和推演，在作战的紧要关头，更需要指挥员的直觉力和决断力。充分地筹划预案，可以做到"手里有粮、心中不慌"。

3. 协同高效

协同高效是指导弹与导弹、导弹与作战平台、导弹与体系、弹种与弹种、军种与军种之间的高效协同，目的是实现集中优势火力打歼灭战。

高效的协同可以使发射于不同作战平台的不同导弹，从不同的方向几乎同时抵达目标，使敌方防不胜防，难以招架。高效的协同可以使前一波次爆炸的导弹硝烟，不影响后续导弹的制导和控制。高效的协同可以使导弹的作战实现高低搭配、快慢结合、节奏可控。

4. 打击高效

打击高效是指用最低的打击成本完成导弹作战的任务。先用高价值的导弹毁瘫指挥和信息节点，再用中价值的导弹毁瘫防御系统，最后采用凌空轰炸的方式，使用低成本的导弹或制导炸弹，对大部分目标实施打击。

高效的打击是应对现代战争残酷性和持续性常用和有效的措施。

二、导弹防御作战制胜要素

（一）远

"远"主要指尽可能拓展导弹防御作战的作用距离。距离越远，防御作战控制的远界就越大，防御作战可用时间就越长，可以组织的拦截次数就越多，敌方进攻作战的代价就越大，导弹防御的效果就越好。

1. 探测远

探测远是指导弹防御系统预警探测装备对来袭目标的探测发现远、目标确认远及稳定跟踪远。

对目标的探测远可以更早地发现来袭目标，为早发射和早拦截创造条件。

2. 制导远

制导远是指制导雷达制导距离远和导弹末制导截获距离远。制导雷达制导距离远是指制导雷达引导拦截导弹飞行的距离远，使拦截导弹更准确地截获目标。导弹末制导截获距离远是指拦截导弹导引头时发现、跟踪和截获目标的距离远。

制导远就可以使拦截导弹在更远的距离上实现中末制导交班。制导雷达制导距离远就可以使拦截导弹具备更远的拦截距离。导弹末制导截获距离远就可以减少和降低拦截导弹对制导雷达引导的依赖。

拦截导弹具有依靠态势级信息实施拦截作战的能力之后，将会彻底摆脱对制导雷达的依赖,实现发射后不管和无源引导打击,这是今后重要的发展方向。

3. 拦截远

拦截远是指拦截导弹的"拳头长",可以实施远距离打击和超视距打击。实现超视距打击对探测远和制导远提出了新的要求。

(二) 广

"广"是指导弹防御作战体系具有打击空域广、保护区域广、任务类型广和网络覆盖广的特点。

1. 打击空域广

打击空域是指导弹防御系统的远界、近界、高界、低界和可拦截角度所包裹的立体空间域。打击空域广是指拦截区域的远界更远、近界更近、高界更高、低界更低和可拦截角度更宽。

打击空域广可以通过提高拦截导弹在整个空域的作战能力实现,可以通过梯次部署远中近、高中低防御系统实现,也可以通过自组装模块化导弹实现一个导弹发射单元对打击空域的广域覆盖。

广阔的拦截空域可提高导弹防御系统的作战效能,减少防御作战装备数量,降低防御作战成本。

2. 保护区域广

保护区域是指导弹防御系统能够保护的区域范围。保护区域广是指导弹防御系统能够保护区域的范围大。

保护区域广可以通过打击空域广实现,可以通过导弹防御系统的前置实现,可以通过拦截来袭作战平台实现,也可以通过在来袭导弹飞行的上升段、初段和中段对其进行拦截实现。

3. 任务类型广

任务类型广是指导弹防御作战体系可以拦截多种类型的来袭目标,同时也是指可以利用导弹防御作战体系实施导弹进攻作战。

任务类型广可以通过提高拦截导弹执行多样化任务的能力实现,可以部署和配备多种执行不同任务的导弹实现。

4. 网络覆盖广

网络覆盖广是指导弹防御作战体系具有更加广泛的组网作战能力。通过网络,把导弹防御作战体系各要素、各系统、各单元组成一体化和扁平化的网络化防御体系,实现战场态势信息、目标信息、制导信息、指控信息的共享,实现导弹防御作战体系各作战单元之间的互联、互通和互操作,实现导弹防御系统即插即用。

（三）快

"快"主要指导弹防御作战赢得对敌方导弹进攻作战的时间差。这既是以快胜慢制胜机理的体现，也是消灭敌方、保存自己的必然要求。

1. 探测快

探测快就是快速抓住来袭目标，包括发现快、识别快和跟踪快，为防御作战规划提供前提和条件。

探测快可以通过提升侦察搜索装备能力实现，也可以通过压缩目标信息的传递环节、提高传递速度实现。

2. 调整快

调整快就是要根据来袭目标的情况和威胁态势，快速调整导弹防御系统布势和部署，快速形成应对新情况、新态势的防御优势。

调整快可以通过兵力机动实现，也可以通过火力机动实现。

3. 指控快

指控快就是要求各级指挥员根据发现的敌方情况，迅速判明形势，迅速判断敌方意图，迅速定下决心和导弹防御作战的方案，迅速接受和下达发射命令。

指控快可以通过提高指挥员的能力素质实现，也可以通过指控系统自主智能的决策实现。

4. 反应快

反应快是指导弹防御作战体系能够快速响应指挥员的决心，快速将各作战要素指向来袭的目标，快速将目标的诸元信息注入导弹的防御作战规划之中，快速完成各种发射前准备。

反应的快慢不仅取决于武器系统的固有能力，还与敌方对己方武器系统和打击链阻断、迟滞的作战影响密切相关。需要有效地提升对抗情况下的防御系统反应能力。

5. 飞行快

导弹的飞行速度越快，越有利于实现对来袭目标的发现即摧毁，越有利于实现对来袭目标的快速拦截，越有利于提高对高速/高加速来袭目标的拦截能力。

（四）多

"多"是指导弹防御系统可探测目标数量多、可同时拦截来袭目标数量多、防御作战手段多等。

1. 发现多

发现多是指导弹防御作战体系预警探测装置可搜索、跟踪目标批次多和数量多。可探测目标数量越多，己方掌握的战场信息越丰富，对来袭目标的认知更全面，更有利于根据来袭目标威胁的轻重缓急制订拦截作战计划。

发现多可以通过提升预警探测装备的性能实现，也可以通过分布式部署预警探测装备实现。

2. 拦截多

拦截多是指导弹防御作战体系可同时拦截的来袭目标数量多。可同时拦截目标数量是衡量导弹防御作战体系能力的重要标志。

拦截多可以通过增加部署导弹作战单元实现，也可以通过提高导弹发射速度、制导雷达能力、指控系统信息处理能力等实现。

3. 手段多

手段多是指导弹防御作战体系预警探测、指挥控制、导弹拦截作战手段丰富。多样的手段可以提升导弹防御作战体系的可靠性、抗毁性、可信性，可以为制订导弹防御作战计划提供更加灵活和多样的选择。

预警探测可以通过部署雷达、红外两种技术体制装备丰富预警探测的手段。指挥控制可以通过有线和无线两种途径实现互联互通。导弹拦截可以通过破片杀伤、动能杀伤和失能杀伤多种手段实现多种方式毁伤。

（五）强

"强"是指导弹防御作战体系的抗干扰能力强、抗毁能力强、导弹毁伤能力强等。

1. 抗扰强

抗扰强是指导弹防御作战体系在导弹攻防作战对抗中，抵抗敌方实施的压制性和欺骗性干扰的能力强。导弹防御作战体系的抗干扰能力主要体现在预警探测系统、指挥控制系统和导弹三个方面。预警探测系统主要是对抗雷达等探测装备的电磁压制和干扰。指挥控制系统主要是对抗数据链和通信干扰。导弹主要是对抗导弹末制导装置的干扰。

2. 抗毁强

抗毁强是指导弹防御作战体系抗击敌方导弹体系破袭作战的能力强，以及体系遭破袭后的重组能力强。

抗毁强可以通过提高导弹防御作战体系要素、手段的冗余度和网络化构建实现。

3. 毁伤强

毁伤强是指导弹防御作战体系拦截导弹的制导精度准、杀伤威力大。有效毁伤是制导精度准、引战配合好、杀伤威力大的有机结合，三者缺一不可。有效毁伤是导弹防御作战的根本目的。

有效毁伤可以通过摧毁来袭目标的方式实现，也可以通过使来袭目标失能的方式实现。

（六）高

"高"是指导弹防御作战的体系高效、筹划高效、协同高效和打击高效。防御作战导弹的功能复杂、体量大、价格昂贵、生产周期长，必须合理、高效、节俭地使用。

1. 体系高效

体系高效是指高效地构建和运用导弹防御作战体系。通过要素组合、高低搭配和新旧结合，构建满足防御作战要求的导弹防御作战体系。通过对不同目标、在不同场景下的合理运用，最大限度地发挥导弹防御作战体系的能力和效能。

高效的导弹防御作战体系可以缩短 OODA 作战环的闭环时间，方便地满足不同目标、不同任务导弹防御作战的需求，灵活地重构导弹防御作战体系。

2. 筹划高效

筹划高效是指高效地筹划兵力和火力。火力的筹划涉及面广、动态性强、时空协同要求高，战前的筹划往往不能适应战时的各种不确定性和随机性，必须根据战场的变化，快速高效地筹划新的导弹防御作战方案。

火力筹划不能只依靠筹划系统的自动生成和推演，在作战的紧要关头，更需要指挥员的直觉力和决断力。充分的筹划预案，可以起到"手里有粮、心中不慌"的作用。

3. 协同高效

协同高效是指导弹与导弹、导弹与系统、导弹与体系、系统与系统之间的高效协同。目的是充分发挥导弹防御作战体系各要素、各系统的体能和技能，实现 $1+1>2$ 的体系效能。

4. 打击高效

打击高效是指提高导弹攻防作战的交换比。随着蜂群目标、协同目标、低成本目标投入实战运用，传统的一发拦截导弹打击一个目标的拦截方式不再适合，必须选择更加多样化的"失基式""失性式""失能式""失联式"打击样式，提高防御作战的效益。

第四章
导弹作战能力

导弹作战能力有广义和狭义之分。广义的导弹作战能力是导弹作战部队和导弹作战体系的作战能力的结合。狭义的导弹作战能力是指导弹作战体系的作战能力。**本书只研究狭义的导弹作战能力。**

一、概念内涵

导弹作战能力是指导弹作战体系在导弹作战中所呈现出来的实战能力,是导弹作战体系自身的固有能力,是影响导弹作战效果的先天性因素。

导弹作战能力是导弹作战体能、技能和战能的乘积。任何一个子能力的缺失,都会极大地削弱导弹作战能力。导弹作战体能、导弹作战技能和导弹作战战能同等重要,缺一不可。

导弹作战体能是指导弹作战体系适应、支配、控制、完成各种导弹作战行动的能力,是导弹作战能力的基本要素。导弹作战体能是导弹作战体系在实战条件下的战术技术性能。保持和发挥导弹作战体能是提高导弹作战能力的基础。

导弹作战技能是指导弹作战体系运用导弹作战技术的能力,是衡量导弹作战能力的重要因素。导弹作战技术是完成导弹作战行动的基本行动方法。认识和掌握导弹作战技术是发挥导弹作战技能、提高导弹作战能力的核心。

导弹作战战能是指导弹作战体系运用导弹作战战术的能力,是导弹作战能力的倍增要素。导弹作战战术是导弹作战技术有目的的运用。灵活运用导弹作战战术是提高导弹作战能力的灵魂。

导弹作战体能就是导弹作战体系的战技性能,由作战需求牵引,装备研制赋予,作战运用发挥。导弹作战技能是掌握和运用导弹作战技术的能力,导弹作战技术是遂行导弹作战行动的基本方法和手段,导弹作战技术依靠装备研制提供可能,依靠实战经验凝练提升,依靠作战训练熟练掌握。导弹作战战能是掌握和运用导弹作战战术的能力,导弹作战战术是为达到战术目的而灵活运用导弹作战技术，战胜对手。导弹作战战术要因敌制宜、因地制宜、因时制宜。因此，导弹作战体能是导弹作战能力的基础和前提，导弹作战技能是导弹作战的基本功和方法论，导弹作战战能是实战条件下对导弹作战体能和技能的充分发挥和有效运用。

二、表现形式

（一）导弹作战是导弹作战能力的综合较量

导弹作战中，导弹作战体系的体能、技能和战能综合发挥作用，缺一不可。体能是实力的基础，缺少了体能的技能和战能，如同高楼大厦缺失了牢固的地基，作战体系将极不稳定，在实战对抗中极易崩塌。技能是战能的基本功，缺失了技能的战能，如同篮球队缺失了运球、传球和投球等技术，比赛中就是乱打一气。

不同的导弹作战，三种子能力的价值和贡献各有不同。在与势均力敌的敌方对抗中，体能和技能可能不如势均力敌的敌方，战能就发挥重要的作用，如同"敌进我退、敌驻我扰、敌疲我打、敌退我追"的游击战术，在红军和抗战时期使我们实现了以弱胜强。在与势均力敌的敌方对抗中，体能和战能旗鼓相当，技能就发挥主导性作用，如同"狭路相逢勇者胜"，谁的基本功更扎实、更稳定、发挥更出色，谁就能取得最后的胜利。在与弱敌的对抗中，体能、技能和战能全面占优，仅靠体能的优势就可以打败敌方。

不同的导弹作战体系，三种子能力的结构关系各有不同。弹道导弹、滑翔导弹、超声速和高超声速导弹等高速导弹作战体系，射程远、速度快、威力大、突防能力强，体能优势明显，但机动性较差，缺乏技能和战能的灵活性，因此，高速导弹作战体系呈现体能型的作战特点。亚声速巡航导弹等低速导弹作战体系，飞行速度慢、易遭拦截，但飞行机动灵活，航迹可规划可调整，可以绕开敌方的防御系统，技能和战能凸显，因此，低速导弹作战体系呈现技能型和战能型的作战特点。

同一导弹作战体系在导弹作战的不同阶段，三种子能力具有不同的能力水平。导弹作战体系的体能，在作战初期阶段处于高位，而在作战中期和末期体能会逐步下降，技能和战能的发挥就会受到影响。导弹作战体系的技能和战能，在作战初期阶段尚且生疏，而在作战中期和末期，实战经验不断丰富，作战运用更加自如。体能与技能、战能的此消彼长，在一定的条件下可以保持作战能力的持平。

（二）不同作战样式下三种子能力权重不同

导弹进攻作战中，需要均衡发挥三种子能力。导弹进攻作战要求导弹火力迅猛精准、打击高效，为达成进攻作战目的，不仅需要优良的导弹战技性能，而且需要灵活多变的导弹作战运用。体能不足，技能就成为"花架子"。技能不足，战能就不足以成立。战能不足，体能和技能就不能得到高效发挥。

导弹防御作战中，更加注重发挥导弹作战体系的体能。导弹防御作战要求更高的拦截概率，这是由导弹防御作战体系的固有能力所决定的。防御技能和战能固然重要，但可靠的拦截和防御更依赖于作战体系尽广、尽快、尽多、尽强的体能。如击落 U-2 飞机，导弹伏击作战运用方法功不可没，但萨姆-2 导弹 20 km 的射程是击落在两万米高空飞行的 U-2 飞机的关键和前提。

导弹联合作战中，更加注重发挥导弹作战体系的技能和战能。导弹联合作战是各种导弹力量的强强联合和协同运用，一种导弹作战力量体能的缺少，可以由另外一种导弹作战力量的体能来弥补，从而保持导弹作战力量总体体能的基本稳定。而在联合作战中，各种导弹作战力量技能发挥需要联合作战的战能进行统筹和协同。统筹协同得好，联合作战体系的体能和技能就能得到有效发挥，产生 1+1＞2 的作战效果；统筹协同得不好，联合作战体系的体能和技能的发挥就会受到制约，产生 1+1＜2 的作战效果。如利用亚声速导弹前沿侦察能力，召唤高超声速导弹的快速打击，就会产生作战能力的倍增。

（三）三种子能力具有不同的表现特征

导弹作战体能具有固有的、先天性的表现特征。导弹作战体能是导弹作战体系在实战条件下能够实现的战技性能。体系的战技性能是设计出来的，是作战体系的总体方案和技术途径所赋予的。战技性能就像基因一样具有先天的属性，这种属性不会轻易地随外界条件而改变。导弹作战体系装备一旦交付和投入运行，其作战体能就已经固化。虽然随着作战运用的成熟，战技性能有一个增长的过程，但这种增长不会超过固有的上限。提升导弹作战体能，取决于导弹作战体系装备的"优生"。

导弹作战技能具有合理性、稳定性的客观要求。导弹作战技能可以通过训练和演习所掌握，但在实战对抗条件下，导弹作战技能运用是否合理，运用是否稳定，是衡量导弹作战技能针对性和有效性的重要标准。导弹作战技能运用合理，导弹作战运用就更有针对性。导弹作战技能运用稳定，导弹作战运用就更加持续高效。

导弹作战战能具有灵活性、创造性的客观属性。导弹作战战能是一门艺术。根据敌情、我情和环情的瞬息万变状态，导弹作战战能需要因地制宜、因敌制宜、因时制宜、因境制宜，必须富有灵活性和创造性，不能墨守成规、一成不变。

导弹作战三种子能力的表现特征是导弹作战体系主观条件与客观条件的有机结合。

三、变化规律

（一）导弹作战能力处于动态变化之中

导弹作战能力在作战过程中不断变化，三种子能力也处于此消彼长的动态变化之中。这种变化，不仅由导弹作战体系的主观因素所决定，而且随着环情和敌情的变化而变化。变化是常态，是不以人的意志为转移的客观规律。

变化的方向是提高、保持或下降。体能的变化通常是单调下降的，战技性能的老化和可靠性的降低是装备体系的固有属性，除非得到及时修复和补充，体能的下降将不可避免，而且体能的下降随着实战中体系的战损更加迅速。技能在导弹作战中是基本保持不变的，技能的水平取决于训练的养成和平时的积累，也取决于实战条件下技能的稳定发挥，从这个意义上讲，技能是一种熟练"工种"。战能的变化方向是逐步提高，随着导弹作战的持续和作战经验的积累，导弹作战体系的运用会更加娴熟，战能的艺术性和创造性会更加显现。

导弹作战能力的变化是有规律可循的。导弹作战体能的变化往往是单调的：在平时，随着装备的更新和换代，装备的体能呈上升趋势；在战时，随着环境的恶劣和时间的推移，装备的体能一般呈下降趋势。导弹作战战能的变化往往是复杂的：随着实战经验的积累，战能呈上升趋势；在"道高一尺魔高一丈""吃一堑长一智"的导弹攻防博弈对抗中，在单调上升的总体趋势下叠加周期性的颠覆，战能整体上呈现阶梯型上升趋势；战能的有些变化是随机性的，这种随机性一方面体现在外界因素的随机变化，另一方面体现在即使是不变的状态，作战的结果也具有不确定性。顺应变化的规律，就能够在导弹作战激烈的对抗博弈中始终处于主动，立于不败之地。

（二）导弹作战能力变化的影响因素

时间的影响。导弹作战能力是作战时间的函数，会随着时间的变化而改变。在不同的作战阶段、不同的作战时节，导弹作战能力会呈现不同的状态。虽然这种变化可能是轻微的，但是量变引起质变，时间积累到一定程度，作战能力就可能产生塌陷。

空间的影响。导弹作战能力是战场空间的函数，会随着作战域的变化而变化。适应陆战场的导弹作战体系，未必能够适应海战场、空战场和天战场。适应水面作战的导弹作战体系，未必适应水下的战场空间。适应传统战场空间的导弹作战体系，未必适应"三深一极"①的新型作战空间。必须研究掌握、自觉运用不同作战空间下的导弹作战体能、技能和战能。

环境的影响。导弹作战能力是客观环境的函数，会随着战场所处的自然环境和社会环境的变化而变化。在高寒地区作战，导弹作战能力相比平原地区会发生很大的变化，会对导弹和作战平台的飞行高度上限提出更高的要求。在城市地区作战，导弹的作战能力相比野战条件下会发生很大的变化，受城市街道和建筑的遮挡，导弹作战体系的能力会受到极大的制约，减少附带毁伤就是其中突出的问题。

对抗的影响。导弹作战能力是对抗强度的函数，会随着敌方作战能力对己方作战体系的影响程度而变化。在强对抗条件下，导弹作战体能会被压缩，技能和战能受到制约，如雷达的威力在干扰条件下会被压缩30%以上。在弱对抗条件下，导弹的体能"充沛"，技能和战能得到充分释放，导弹的作战能力发挥几乎不受对抗的影响。

（三）把握和顺应导弹作战能力变化的状态

掌握导弹作战能力变化规律，就要顺应这些变化和影响的特点，不断调整导弹作战技能和战能，始终把握导弹作战的主动权。在变化中把握战机，在变化中发现敌方的破绽，在变化中掌控导弹作战体系的状态，在变化中权衡导弹作战双方力量的对比。

因时而变。对因为时间变化了的作战能力状态，可以通过补充和加强等手段使状态得以恢复，也可以通过调整作战运用方法抵消作战能力的变化影响。如更换性能下降的装备使体系的体能得以恢复，启用备份雷达就可以抗衡敌方对己方的干扰，通过运用导弹的抵近侦察能力就可以替代预警侦察系统体能的不足。

因域而变。根据导弹作战体系在不同作战域所呈现的能力状态，因地制宜，扬长避短，克敌制胜。如在高寒地区作战，虽然兵力和作战平台机动能力受限，但导弹的机动能力反而提升，因此"火力控边"是高寒边境地区作战的首选作战样式。

---

① "三深一极"是指深海、深蓝、深空和极地空间。

因境而变。战场环境不仅随自然和社会环境的变化而变化，前轮打击对后续打击也会带来战场环境的变化，导弹的作战运用必须随之改变。如在己方导弹作战体系遭受敌方破袭的情况下，可以基于导弹作战平台构建新的导弹作战体系。

因敌而变。在激烈的体系对抗博弈中，己方和敌方的作战能力状态都会产生变化，导弹的作战运用必须适应攻防双方的状态变化，不能以不变应万变。如敌方作战体系遭受己方破袭之后，导弹作战体系对敌方目标的打击就可以采取更加简捷和直接的方法。

四、建设重点

（一）避免导弹作战体系形成短板

1. 导弹作战体系普遍存在的三大短板

一是预警侦察。"打得远、看不远""辨不清、查不明"、传感器到"射手"不能直接交联、目指精度难以满足远程精确打击要求、对隐身和电磁静默目标缺乏有效的探测发现能力等，使导弹作战体系成为"近视眼"。

二是指挥控制。指挥层级多、指挥决策人在回路、控制手段少、控制范围小、指挥控制多呈纵向树状结构、指挥控制体系难以满足联合作战要求、自主规划和智能辅助决策能力弱等，使导弹作战体系成为"单行线"。

三是对抗突防。作战体系对导弹作战的支援能力弱、导弹作战往往需要依靠导弹自身的能力对抗敌方的防御系统和体系，导弹作战体系生存能力、突防能力和抗干扰能力不强，在与势均力敌的敌方体系对抗中雷达通信易受压制等，使导弹作战体系缺乏"免疫力"。

在开展导弹作战体系建设时，需开展能力需求与建设方案的同步论证、同步研究，关注体系预警探测、指挥控制、对抗突防等能力短板的能力生成，使得导弹作战体系能力完备、均衡与有效。

2. 导弹作战体系实战能力弱的表现

一是不好用的问题。导弹装备使用操作复杂，用户体验不好，不易操作。导弹装备储存要求条件高，平时管理程序复杂，导弹转运测试操作要求频繁，不易打理。导弹装备可靠性不高、维修性不强，备品备件规格多、筹备难、战时保障困难，不易维修。

二是不实用的问题。使用价值不高，使命任务单一，发展潜力受限。皮实性不高，导弹装备鲁棒性不强、环境适应能力弱、耐用性不高。承受性不高，依赖于技术进步的发展途径使得导弹装备研发成本高、采购成本高、保障成本高。

三是不管用的问题。综合作战能力不足，导弹作战体系的机动力、火力、信息力、防护力、保障力发展不均衡，存在"短板效应"。非对称能力不足，导弹装备从战技性能、实战能力、供应保障等方面还难以针对势均力敌的敌方形成非对称作战优势，品种和规模不足以支撑实施导弹中心战。自主可控性不足，特别是预警侦察和指挥控制系统，部分元器件和基础软件受制于人、存在漏洞。

导弹作战体系的建设应着眼于实战能力的提升，以"好用、实用、管用"为目标，以武器装备实战化需求生成、设计实现与能力评价[①]为抓手，发展人机操作界面简明友好、存储便捷可靠、保障简单高效、研发使用成本可接受、战技性能均衡、元件自主可控的导弹武器系统与作战体系，使之具备"召之即来、来之能战、战之必胜"的作战能力。

（二）防止导弹作战链条长、闭环慢

1. 导弹作战链条长的因素

一是"发现—分类—定位—瞄准—打击—评估"作战链条串行，难以跨越和压缩。

二是导弹作战链条各要素分布在不同的军种，联合运用复杂。

三是导弹的生产链和研发链庞杂，僵化的体制和流程制约快速研发和生产。

缩短导弹作战链条可从机制与体制上着手，打破既有的作战规划、作战决策与生产研发体制僵化单一的局面，变串行作战为并行作战、变要素分散作战为要素联合作战、变单一体制生产为灵活定制研发。

2. OODA 作战环闭环时间长的因素

一是发现能力"O"先天不足，依靠多源数据融合，拉长了发现的时间。

二是调整能力"O"存在短板，自主规划能力弱，部署调整速度慢。

三是决策能力"D"依靠人工，逐级指挥、人在回路决策的体制性障碍，敌情不明情况下风险决策的技术性障碍，使得决策能力弱、决策周期长。

四是导弹打击能力"A"一枝独秀，导弹飞行速度已达到高超声速，且越来越快，导弹以 $Ma\ 6$ 飞行 $1\ 000\ km$ 只需 $10\ min$。但这并不能够弥补"OOD"

[①] 详见《武器装备实战化——需求生成、设计实现与能力评价》，目光团队著，宇航出版社，2019 年。

闭环时间的拖延。

五是在以快取胜的导弹攻防博弈规则下，OODA作战环闭环时间过长将难以取得导弹作战的主动权和胜利。

对攻防双方来讲，OODA作战环的闭环时间长短是相对的。因而在导弹攻防博弈对抗中，可通过缩短自身OODA作战环闭环时间，或延长敌方OODA作战环闭环时间取得导弹攻防作战时间差的优势。缩短自身OODA作战环各要素的时间可达到加速作战环闭合的目的，通过干扰、对抗等手段迟滞敌方OODA作战环各要素的时间，可取得延长敌方OODA作战环闭合的效果。

（三）降低导弹作战运用对体系和作战平台的依赖

1. 降低技术准备要求

一是减少准备要素。传统的导弹技术准备的内容不仅包括发射诸元的获取、计算和装订，导弹武器系统状态和参数的检查测试，还包括作战平台保障性作战要素的保持和提供。任何一个要素不具备，将不能构成有效的发射条件。必须减少技术准备的要素，降低要素的精度和实时性要求，为导弹作战提供更加灵活和便捷的条件。

二是减少准备时间。由于准备要素多，传统作战模式下导弹发射准备时间短则几分钟，长则几十分钟，难以做到先敌发现和发射。必须压缩要素准备时间，变串行流程为并行流程，变人工操作为自动和智能操作，使导弹装备随时和始终处于枕戈待旦状态，提升导弹作战反应速度与作战灵活性。

三是提高应变能力。在战时攻防对抗博弈的情况下，在导弹作战体系和导弹武器系统不完备、不健全的情况下，很可能出现导弹不具备发射条件，不能够实施发射的情况。必须改变目前的发射控制流程不支持要素不全条件下和应急条件下的导弹发射体制，提升导弹应对复杂战场环境的作战能力。

2. 改变发射流程

改变几十年不变的"准备—瞄准—发射"发射流程，降低发射条件要求，减少发射准备时间，形成导弹飞行过程中接收外部信息、获取目标参数的条件和能力，形成"准备—发射—瞄准"甚至"发射—准备—瞄准"的新型导弹作战流程，提升导弹作战样式的灵活性。

3. 减少对外部信息的依赖

传统的中远射程的亚声速巡航导弹，由于飞行时间长，对全航区卫星定位、地形信息、景象信息、气象信息、敌方防御信息等依赖严重，致使作战保障复杂，任务规划难度大，临机改变作战任务几无可能。特别是在目标区附近的拒止区，导弹难以获得有效的外部信息。必须减小导弹作战对外部信息的依赖，充分利用拒止区敌方目标产生的信号和态势，确保在对抗环境下"发射后不管"能力。

4. 提高自主智能水平

目前导弹的任务和飞行依赖于战前规划，导弹的制导控制依赖于设定的准则，导弹发射后无任务调整能力。通过发展在线自主规划、智能探测和控制、分布协同打击等技术，可提升导弹作战自主智能水平，有效应对越来越复杂的战场环境。

（四）加强导弹作战经验积累、理论素养和战法训练

1. 积累导弹作战经验

一是通过实战直接积累经验；二是通过学习和借鉴其他国家的作战间接积累经验；三是通过设计未来战争进行有针对性的训练积累经验。

2. 加强导弹作战理论研究

理论是规律的体现，是实践的提炼和上升。开展对导弹作战规律和特点的研究，加之导弹作战的实践，使导弹作战理论研究满足导弹作战的要求；同时，深入研究作战对手的导弹作战理论，掌握其导弹作战体系的特点和弱点，做到"知己知彼"，增强导弹作战理论研究的针对性和有效性。

3. 加强导弹作战战法研究

传统的导弹作战战法相对匮乏和单一，尤其是导弹联合作战战法更加匮乏，使得在作战训练和实战演习中，难以有效地保持和发挥导弹武器系统的固有能力。必须基于导弹作战理论的指导，加强导弹作战战法的研究，利用战术弥补技术的不足，做到扬长避短、克敌制胜。

第五章
导弹作战体能与素质

导弹作战体能是指导弹作战体系适应、支配、控制和完成各种导弹作战行动的能力，是导弹作战能力的基本要素。导弹作战体能是导弹作战体系在实战条件下的战术技术性能。保持和发挥导弹作战体能是提高导弹作战能力的基础。

导弹作战体能是指导弹作战体系的体能，是导弹作战体系主要战技性能的实战化体现。导弹作战体系中起支撑和保障作用的核心系统是导弹武器系统，其体能主要取决于导弹武器系统的体能。导弹武器系统服务和围绕的核心是导弹，其体能主要取决于导弹的体能。因此，可以用导弹的体能来等效地表征导弹作战体能。而通过研究导弹的本质，凝练出导弹本质的简明表达，不仅有利于把握导弹作战体能的本质，而且有助于理解和认识导弹作战体能的核心要素及其相互关系。

一、导弹的本质及表征[①]

（一）导弹的本质

导弹作为一种打击兵器，可以从兵器的发展历史纵观其本质。原始战争阶段，兵器是人的拳脚、手持的木棒和扔出的石块，石块所及，力量所至。冷兵器战争阶段，兵器是刀枪剑戟和射出的弓箭，弓箭所及，力量所至。热兵器战争阶段，兵器是枪炮弹药，弹药所及，力量所至。机械化战争阶段，兵器是装载在机械化作战平台上的枪炮弹药，作战平台加弹药所及，力量所至。信息化战争阶段，兵器是由精确打击体系支撑的导弹武器装备，导弹所及，力量所至。智能化战争阶段，兵器是智能精确打击体系支撑的智能导弹武器装备，能量所及，力量所至。

[①] 详见《导弹时空特性的本质与表征》，目光团队著，宇航出版社，2019年。

导弹作为一种投送作战平台,其本质能力显然是投送的能力。

可见,导弹的本质是"拳头"的延伸,是力量的投送。

(二) 本质的表征

根据对导弹本质的认识和理解,导弹的本质能力可以由以下三个指数简明地表征。

1. 导弹投掷比冲

$$\lambda = \frac{m_z \times v}{P \times M_0}$$

式中,m_z:导弹战斗载荷质量,kg;

v:导弹的平均速度,以 Ma 数计算;

M_0:导弹起飞质量,kg;

P:导弹的批产价格,亿元。

导弹投掷比冲的单位为亿元$^{-1}$,其物理意义是导弹投送效率。导弹投掷比冲 λ 是导弹射程的函数。

2. 导弹敏捷系数

$$\eta = \frac{k \times n \times v}{\sqrt{\text{RCS} \times H}}$$

式中,k:导弹目标数量;

n:导弹在最大威胁区的最大可用机动过载,以 g 的倍数计算;

v:导弹的平均速度,以 Ma 数计算;

RCS:导弹目标雷达反射面积,m^2;

H:导弹飞行高度或预警机飞行高度,km。

敏捷系数的单位为 $km^{-0.5} \cdot m^{-1}$,其物理意义是对防御系统作战时空的压缩能力。

3. 导弹综合指数

$$\alpha = \lambda \times \eta = \frac{k \times m_z \times n \times v^2}{P \times M_0 \times \sqrt{\text{RCS} \times H}}$$

导弹综合指数的单位为 $km^{-0.5} \cdot m^{-1} \cdot 亿元^{-1}$,其物理意义是单位可见窗口面积、单位价格、单位发射质量的导弹获得的有效载荷的机动能。

三个指数综合表征了导弹的体能本质,表征了导弹的时空特性。导弹的时空特性是指作战对抗过程中,导弹在弹道任一时空位置上所具有的动态特性,也称为导弹的"势"。

4. 导弹体能指数

$$\beta = \alpha \times l = \frac{k \times m_z \times n \times v^2 \times l}{P \times M_0 \times \sqrt{RCS \times H}}$$

式中，l：导弹射程，km。

可见，导弹的体能指数最终取决于速度 v、射程 l、机动过载 n、战斗载荷质量 M_z、目标数量 k、起飞质量 M_0、目标雷达反射面积 RCS、飞行高度 H、批产价格 P 等 9 项素质。

二、导弹作战体能素质

导弹体能指数 $\beta = \dfrac{k \times m_z \times n \times v^2 \times l}{P \times M_0 \times \sqrt{RCS \times H}}$ 给出了导弹作战体能的核心素质及素质之间的相互关系。

（一）速度素质

导弹的平均速度 v 是导弹体能的核心素质。导弹体能指数与速度的平方成正比，表明速度对导弹体能具有重要贡献。

导弹飞行速度越快，到达打击目标的时间就越短，导弹作战体系 OODA 作战环的闭环时间就越短。

导弹飞行速度越快，导弹碰撞目标的动能就越大，对目标的毁伤能力就越强。

导弹飞行速度越快，在射程不变的情况下，对目标指示精度的要求就越低，作战体系的构建就更加便捷。

导弹飞行速度越快，时敏目标就越难以逃逸，就越可以实现"发现即摧毁"。

导弹飞行速度越快，敌方防御系统探测和拦截就越难，导弹的突防能力就越强。

因此，导弹的发展历史就是一个导弹的飞行速度从亚声速、超声速到高超声速的发展过程。由于导弹体能与导弹速度的平方成正比，在导弹体能诸素质中，速度是最需要关注和提高的素质。

（二）射程素质

导弹射程 l 是导弹体能的核心素质。导弹体能指数与射程 l 成正比，表明导弹射程对导弹体能具有重要贡献。

导弹射程越大，火力的覆盖范围就越广，就越可以实现尽远打击。

导弹射程越大，区域拒止的范围就越广，就越可以远拒敌于国门之外。

导弹射程越大，防空和反导的作战区域就越广，敌方防区外打击的代价就越大。

导弹射程越大，作为侦察作战平台前出的距离就更远，侦察的能力就更强。

导弹射程越大，对敌的震慑力和威慑力就越大。

导弹射程越大，对目标指示精度的需求就越高。

因此，在其他体能素质约束的前提下，总是追求越来越大的导弹射程。

（三）敏捷素质

导弹的敏捷素质是指导弹飞行中的最大可用机动过载 n，敏捷素质 n 是导弹体能的核心素质。导弹体能指数与 n 成正比，表明敏捷素质对导弹体能指数具有贡献。

敏捷素质越高，导弹改变自身运动状态的能力就越强，导弹的作战规划就更加灵活多样。

敏捷素质越高，导弹的机动能力就越强，导弹的机动范围就越大，导弹打击的范围就越广。

敏捷素质越高，导弹打击时敏目标的能力就越强。

敏捷素质越高，躲避敌方拦截的能力就越强，生存和突防能力就越强。

敏捷素质越高，对敌方机动能力强的目标的拦截概率就更大。

因此，世界各国正在竞相发展导弹的高机动能力。

（四）载荷素质

导弹携带和投送的战斗载荷质量 m_z 是导弹体能的核心素质。导弹体能指数与 m_z 成正比，表明载荷质量大小对导弹体能指数具有贡献。

战斗载荷质量越大，导弹战斗部的威力就越大，对目标的毁伤能力就越强。

战斗载荷质量越大，导弹所携带的功能载荷就越大，导弹侦察、通信、干扰、评估和引领的能力就越强，基于导弹作战平台的导弹作战体系就更加容易构建和实现。

战斗载荷质量越大，导弹投送的能力就越强，打击的效能就越高。

战斗载荷质量越大，导弹战斗部的杀伤范围就越广，对导弹制导精度的要求就越低。

因此，导弹的发展历史也是一个导弹战斗载荷质量不断攀升的发展过程，但随着定制毁伤技术的发展和导弹选择目标打击区域能力的提升以及直接碰撞技术的运用，导弹战斗载荷质量反而呈现大幅降低的趋势。战斗载荷质量越来越大和越来越小，成为战斗载荷质量发展的两个分支。

（五）目标数量素质

导弹目标数量 k 是导弹体能的核心素质。导弹体能指数与 k 成正比，表明导弹目标数量对导弹体能指数具有贡献。

对弹道导弹而言，导弹目标数量是弹头数与雷达诱饵数量之和。目标数量越多，敌方防御系统的识别难度就越大，拦截的代价就越大，拦截的概率就越小，导弹突防的能力就越强。

对巡航导弹而言，导弹目标数量是导弹与电子诱饵产生的虚假目标数量之和。目标数量越多，敌方防御系统的识别难度就越大，拦截的代价就越大，拦截的概率就越小，导弹突防的能力就越强。

对分布式导弹而言，导弹目标数量是进行分布协同打击的导弹数量之和。目标数量越多，敌方防御系统的识别难度就越大，拦截的代价就越大，拦截的概率就越小，导弹突防的能力就越强。

对其他导弹而言，导弹目标数量就是导弹数量本身。

因此，在导弹飞行中，真实和虚拟地产生多个目标，是提高导弹突防能力和打击能力的重要途径。

（六）体量素质

导弹体量是指导弹的起飞质量 M_0，是导弹体能的核心素质。导弹体能指数与 M_0 成反比，表明导弹体量对导弹体能指数具有反贡献。导弹体量越大，导弹体能指数就越低。

导弹体量越大，其保障、吊装和运输装备就越重，导弹武器系统就越复杂，作战运用就越不简便。

导弹体量越大，导弹的尺度和重量也就越大，导弹作战平台所携带的导弹数量也就越少，作战平台的作战能力也就越低。

导弹体量越大，导弹的机动能力就越低，实现同样的机动能力的难度就越大，导弹就会越复杂。

导弹体量越大，导弹的隐身能力就越差，导弹的突防能力就越低。

因此，在确保导弹其他核心素质基本不变的情况下，导弹的轻量化、灵巧化和小型化成为导弹的重要发展方向。这也是第四代作战飞机内埋导弹的客观要求。

（七）隐身素质

导弹的隐身素质是指导弹的雷达反射面积（RCS）大小，是导弹体能的核心素质。导弹体能指数与 $\sqrt{RCS}$ 成反比，表明导弹隐身素质对导弹体能指数具有贡献。导弹 RCS 越小，导弹体能指数就越大。开根号以后这种贡献比例有所降低。

导弹 RCS 越小，敌方防御系统就越难以探测发现，导弹的突防能力就越强。

导弹 RCS 越小，就越可以在敌方防御严密的区域作战，对导弹作战规划的限制就越少，作战使用就更加灵活，应对势均力敌的敌方就越可靠。

导弹 RCS 越小，给敌方防御系统 OODA 作战环闭环的时间就越短，己方就越能够夺取攻防博弈对抗的主动权。

因此，降低 RCS 是导弹发展的重要方向。对高速导弹而言，主要是通过减少导弹目标体量和增加隐身涂层实现 RCS 的降低。对低速导弹而言，主要是通过隐身外形来实现 RCS 降低。这里需要特别强调的是，由于开根号的缘故，RCS 降低的贡献是会被打折扣的，掌握合适的度更为关键。

（八）高度素质

弹道导弹和临近空间导弹的高度素质就是导弹的飞行高度，亚声速导弹的高度素质是敌方预警机的飞行高度，这是由敌方探测手段的不同所决定的。

导弹的高度素质是导弹体能的核心素质。导弹体能指数与 $\sqrt{H}$ 成反比，表明导弹高度素质对导弹体能指数具有反贡献。

对弹道导弹而言，弹道高度高，弹道轨迹固定，易被敌方防御系统探测发现，给敌方的防御时间充裕，易被拦截。

对临近空间导弹而言，飞行高度在 20~40 km，不仅易被发现，而且受气动力和吸气式发动机能力限制，导弹在巡航飞行中难以实现大过载机动，为临近空间反导提供可能性。

对亚声速导弹而言，被探测和发现的手段主要是敌方的预警机侦测，预警机飞行高度在 8~10 km，相对固定，高度素质对导弹体能的影响也相对固定。

因此，在确保射程的前提下，导弹的发展趋势是飞行弹道高度越来越低，除亚声速导弹之外，各类导弹的飞行高度都聚焦在临近空间。未来夺取制临近空间权的斗争将愈演愈烈。这里需要特别强调的是，由于开根号的缘故，飞行高度降低的贡献是会被打折扣的，掌握合适的度更为关键。

（九）成本素质

导弹的成本素质应当是导弹全寿命周期的费用，由于目前没有计算和统计导弹全寿命周期费用的准确模型和数值，因此为方便考量和计算，暂以导弹的批产价格 P 替代。

导弹的成本素质是导弹体能的核心素质。导弹体能指数与 P 成反比，表明导弹成本素质对导弹体能指数具有反贡献。导弹成本越高，导弹体能指数就越低。

导弹成本越高，意味着导弹方案和技术越复杂，导弹的生产条件要求越高，批产的周期会相对加长。

导弹成本越高，在有限经费条件下的采购量就越少，导弹的整体作战能力就会越低。

导弹成本越高，打击目标的交换比就会越低，作战的效能就可能越低。

导弹成本越高，采购数量越少，平时训练和演习使用的机会就越少，导弹问题的暴露和实战能力的检验可能就不充分。

因此，随着导弹用途的越来越广泛、导弹作用越来越凸显，各国都在竞相降低导弹的成本。

三、体能素质相互关系及主导素质

（一）相互关系

体能素质对体能指数的影响不是孤立的，素质之间会相互关联。

导弹速度越快，由于热防护的原因，导弹的体量就会越大，导弹的成本就会越高，导弹的 RCS 就会越大，导弹的载荷就相对减少。因此，综合来看，速度提高对导弹体能指数的贡献就会降低。

导弹射程越大，需要发动机的推力就越大，导弹的体量就增加，RCS 就会变大，成本就升高。因此，射程素质与其他素质之间需要统筹兼顾，但有时候为了追求大的射程，可以牺牲其他的体能素质。

战斗载荷质量增大，一般会引发导弹体量的相应增加、成本的相应提高、RCS 的相应增大。因此，战斗载荷对导弹体能指数的贡献也会有一个合理的区间，并不是越大越好。

导弹 RCS 越小，导弹的成本往往会越高，也需要综合权衡。

因此，在导弹研发中，对体能素质的选取要综合权衡，顶层设计，求得最优；在作战运用中，高速导弹和低速导弹、隐身导弹和非隐身导弹、大战斗载荷导弹和动能碰撞导弹各有各的优长，也各有各的局限，需要针对敌方的防御体系和打击目标的种类，扬长避短，灵活运用。

（二）主导素质

不同的导弹对 9 项素质的要求不尽相同，有的素质要求高，有的素质要求低。有的弹种对某些素质的要求凸显，这使得某些素质成为该类型导弹的主导因素。

对弹道导弹而言，要求更远的射程、更大的威力、更强的突防，因此射程素质、载荷素质和目标数量素质就成为弹道导弹的主导素质。

对于临近空间高速导弹而言，要求更远的射程、更高的速度，因此射程素质、速度素质就成为临近空间高速导弹的主导素质。

对于亚声速巡航导弹而言，要求更小的体量、更好的隐身、更低的成本，因此体量素质、隐身素质、成本素质就成为亚声速巡航导弹的主导素质。

对于拦截导弹而言，要求更大的机动、更高的速度，因此速度素质、敏捷素质就成为拦截导弹的主导素质。

研究和明确主导素质的意义在于，提高导弹作战的体能应当因弹制宜、因弹而异，不能追求全能型的导弹。

四、导弹作战体能素质的生成

导弹作战体能素质的生成来源于导弹的需求论证。过去相当长一个时期内，导弹需求论证存在三个方面的误区：一是装备基本上模仿和跟研国外先进导弹装备的使命任务、技术方案和战技性能，很多素质指标只知其然而不知其所以然；二是需求论证只限于导弹、目标和环境三要素，缺乏对己方战争体系、对方战争体系和战场环境的全面考量；三是需求论证更多地基于对过去战争形态的认知，缺乏对未来战争的设计，缺乏将论证的体能素质放到未来战争的形态中检验其合理性、有效性的研究。这三个误区，使导弹与作战体系的能力不匹配，不能更好地适应多样化的作战需要和未来战争需要。因此，必须将导弹的需求论证的开展放在体系对抗、未来战争、技术变革的大背景下。

"基于战争设计的导弹武器装备需求生成方法"给出了一种大背景论证的途径。

论证的主体思路是：从设计未来战争的原点出发，紧扣以体系对抗为主要特征的战争形态，实现导弹武器系统"召之即来、来之能战、战之必胜"要求，按照"一个源头、两项原则、两种方法"的总体思路，开展导弹作战体能素质生成研究，运用分类分级的方法，构建系统化和实战化的导弹武器系统指标体系，形成基于战争设计的导弹武器装备需求生成的新概念、新方法。由于9项导弹作战体能素质涵盖于需求生成的体系之中，这种方法同样适用于导弹体系体能素质的需求生成。

导弹作战体能素质生成的主要方法是：第一，将需求研究的内容从导弹、目标和环境三要素，拓展为作战对手、作战体系、作战目标、作战环境、作战使命、作战编成、作战特性、作战样式、作战部署、作战流程、作战运用11个要素；第二，将11个要素分为战略层、战役层、装备层和运用层，并按作战流程规定11个要素的相互关系；第三，对每个要素按照能力、性能、战标逐级向下分解，直到生成最底层的战标集；第四，将战标集按照作战使用要求、战术技术指标、作战运用要求合并同类项，形成完整的战标体系。这种方法源头是战争设计，结果是战标体系，中间贯穿的是"召之即来、来之能战、战之必胜"的能力要求、"好用、实用、管用"的用户要求。同样，导弹作战体系体能素质的生成方法完全可以按照上述四个步骤和方法实施。

第六章
导弹作战技术与技能

导弹作战技术是进行导弹作战的基本行动方法。就像足球运动的带球、传球和射门技术,拳击运动的步法、身法和拳法技术,是进行足球运动和拳击对抗的基本动作和基本功。有了这种基本功,结合敌情、我情和环情,有针对性地组合使用这些基本动作,就可以取得比赛的胜利。同样,导弹作战技术也是导弹作战的基本功,熟练掌握这些基本功,在战时进行灵活的运用,就可以取得导弹作战的胜利。

导弹作战技能是导弹作战部队掌握和运用导弹作战技术的能力。从技术到技能,靠的是刻苦的学习和艰苦的训练。

本书重点阐述导弹作战技术。

一、导弹作战技术概述

(一) 概念内涵

导弹作战技术是完成导弹作战行动的基本方法,是实施导弹作战行动的基础,是导弹作战能力的重要因素。实施导弹作战,需要完成诸如部署、机动、发现、发射、突防、评估等不同的作战行动,这是实施导弹作战的基本方法,必须深入地学习、熟练地掌握导弹作战技术。掌握合理正确的导弹作战技术,有利于发挥导弹作战体系的特点优势,有利于发挥导弹作战体系的体能和素质,有利于夺取导弹作战的胜利。

导弹作战技术由作战行动要素和作战技术结构组成。

导弹作战行动要素包括行动态势(如作战力量的布势)、行动轨迹(如兵力机动路线、火力机动弹道)、行动时间(如发现时间、决策时间)、行动速度(如反应速度、机动速度、飞行速度)、行动力量(如火力密度、打击威力)和行动节奏(如打击波次、攻防转换)等。

导弹作战技术结构包括行动基本结构和作战技术组合两层含义。行动基本结构是指一组作战行动要素按照先后顺序组成的"作战技术链"（如防御反击作战技术）。作战技术组合是指若干独立的作战技术集合（如不同导弹组合运用作战技术）。

根据导弹作战的特点，导弹作战技术一般分为导弹进攻作战技术、导弹防御作战技术、导弹防御反击作战技术、导弹突防作战技术和导弹抗干扰作战技术五个方面。

（二）基本特征

动作性。导弹作战技术只能通过导弹作战体系的具体作战行动体现出来。

过程性。导弹作战技术是一个不断发展进步的过程。

差异性。导弹作战技术具有个体差异性。不同的弹种和不同的导弹作战体系使得导弹作战技术具有不同的个性特点。

（三）影响因素

影响导弹作战技术能力的因素主要包括主体因素和客体因素两个方面。

主体因素主要包括导弹作战的组织体制和指挥机制、作战体系的体能、导弹作战部队掌握导弹作战技术的数量和质量等。

客体因素主要包括作战对手、战场环境等。

二、导弹进攻作战技术

导弹进攻作战技术是指导弹进攻作战行动的基本方法，主要包括布势作战技术、侦察作战技术、决策作战技术、兵力机动作战技术、导弹攻击作战技术、组合打击作战技术和效果评估作战技术等。它是沿导弹打击链分解展开的基本作战行动。

（一）布势作战技术

布势作战技术是指导弹作战体系的各要素进行部署的方法，主要包括立体布势、纵深布势、前沿布势、梯次布势、防区外布势、拒止区外布势等。

1. 立体布势

立体布势是指导弹作战体系中的预警侦察系统以及导弹作战平台，在立体的作战空间部署的态势。目的是获取全方位、全纵深的态势感知和导弹打击能力。例如，预警侦察系统中卫星、地面雷达和舰载雷达组成的探测立体布势；空中、水面、水下作战平台构成的作战平台立体布势。

立体布势的优势在于，形成分布式部署态势，感知和控制的范围更加广泛，态势信息的共享更加便利，摧毁或者破坏这种布势的难度更大。存在的问题是，协同比较困难，卫星系统易遭攻击和失效，而且一旦卫星失效，立体布势的优势则大打折扣。

2. 纵深布势

纵深布势是指将导弹作战体系中易受打击的指挥控制中心、重要的预警侦察系统、部分导弹作战平台等部署在战役纵深的布势。目的是使这些系统免遭精确打击武器的攻击。例如，天波超视距雷达部署于己方的腹地，己方中远程导弹的发射阵地一般部署于己方主要作战方向的纵深区域。

纵深布势的优势在于，兵力部署在纵深地带，难以被敌方发现和打击，可以更方便地隐蔽己方作战意图，保证己方兵力的安全；可以进一步增大己方兵力机动、火力机动的范围和灵活性。存在的问题是，需要导弹有更大的射程，导弹飞行需要更长的时间，导弹的轨迹更容易暴露，为敌方反导作战提供了更多的预警时间和拦截空间。

3. 前沿布势

前沿布势是指将导弹作战体系中的预警侦察系统和无人作战平台，前置或潜伏于导弹作战前沿的布势。目的是通过抵近侦察和打击，使用低成本的导弹作战体系，实现 OODA 作战环的快速闭合。例如，"海德拉"水下潜伏式无人预置系统，可以由潜艇隐蔽前置部署于敌方沿海区域。

前沿布势优势在于，可以抵近侦察和打击，OODA 作战环闭合时间更短，作战使用更加灵活，特别是采用隐蔽预置的无人作战平台，进一步增大了打击的突然性和有效性。存在的问题是，前沿抵近部署，易被发现和遭受打击，而且兵力机动和火力机动的范围十分有限。

4. 梯次布势

梯次布势是指根据导弹射程的不同，将作战平台沿主要作战方向呈梯次布局。目的是可以集中梯次布势的全部火力，对同一区域的作战目标实施火力集中的毁瘫式打击。例如，陆军的战役战术导弹与中远程常规导弹对于同一作战方向，一般采用梯次布势。

梯次布势兼具纵深布势、立体布势和前沿布势的优势，而且更加有利于集中火力用于进攻和防御，但同时也继承了纵深布势和立体布势以及前沿布势的缺点。

5. 防区外布势

防区外布势是指对空中作战平台目标，要在敌方的防空区域之外实施导弹攻击的布势。

防区外布势的优势在于，可以保护作战平台免遭防空导弹拦截。但存在的问题是，需要提高进攻导弹的射程，这会相应地减少作战平台的挂载数量，降低作战平台的作战效能。

6. 拒止区外布势

拒止区外布势是指对于海上和陆上作战平台，在敌方进攻导弹射程之外的布势。

拒止区外布势的优势在于，可以保护作战平台免遭进攻导弹打击。但存在的问题是，与敌方距离较远，需要提高进攻导弹的射程，这会相应地减少作战平台装载数量，降低作战平台的作战效能。

（二）侦察作战技术

侦察作战技术是指导弹作战体系中预警侦察系统掌握战场态势的基本行动方法，主要包括发现作战技术、分类作战技术、定位/跟踪作战技术以及"六觉"作战技术。

1. 发现作战技术

发现作战技术是指利用作战体系中的预警侦察力量发现敌情和敌方目标的基本方法。目的是掌握敌方的动态，判明敌方的意图，实施有效的部署调整，并在机动中发现敌方的弱点，寻找有利的战机。发现作战技术主要包括卫星发现技术、空中发现技术、陆上发现技术、水面发现技术、水下发现技术、导弹侦察发现技术、特战发现技术、融合发现技术等。

卫星发现技术是指利用预警和侦察卫星发现敌情和目标的技术。卫星发现技术具有发现区域广、发现手段多、发现目标快、自主分析和分发能力强等优势。但在作战中，还存在一些不足：再多的卫星和卫星组对某一区域的监视都具有重访周期，在一个周期内，连续监视只能维持数分钟到数十分钟；电子侦察卫星在目标静默的情况下，不能发挥作用；光学和红外侦察卫星则容易受到云、雾、雨、雪天气的影响；卫星系统易遭干扰和攻击。因此，卫星发现技术多用于战场态势信息的发现，难以实现与导弹的直接交联。

空中发现技术是指利用预警机、有人/无人/蜂群侦察机、高超声速侦察作战平台、气球载侦察作战平台等手段发现敌情和目标的技术。空中发现技术的优点：可以较长时间地滞空，可以对一个区域进行连续的侦察发现；探测距离较远，受地球曲率的影响，最大探测距离 L 约为 $4.12 \times (\sqrt{H_1} + \sqrt{H_2})$，$H_1$ 为空中侦察作战平台的飞行高度，H_2 为目标飞行高度。空中发现技术的缺点：空中侦察作战平台本身易被发现、干扰和摧毁，需在己方严密保护区域内飞行，前出距离受限；难以发现临近空间高超声速飞行器目标；对超低空飞行的亚声速巡航导弹和无人机等，受海杂波和地杂波的影响较大。因此，空中发现技术多用于战场侦察，更便于实现与导弹的直接交联，以实现导弹的超视距攻击。

陆上发现技术是指利用部署在陆地/岸基/岛礁的对空、对海雷达发现敌情和目标的技术。陆上发现技术的优点：发射功率大，发现分辨率高；技术体制多样，可以发现包括隐身目标在内的各类目标；可以陆上机动部署，生存能力较高；陆上雷达可以组网运行，互联互通互操作能力强，抗干扰和抗毁能力强；能够对某一海空域实施长期连续侦察发现，而且便于运行保障。陆上发现技术的缺点：固定部署的雷达易受干扰和摧毁，越是功能强大的预警雷达，在战时越是成为首要攻击的对象；受地球曲率影响，发现距离受限；超视距雷达探测距离和工作稳定性易受天气影响。因此，陆上发现技术多用于陆战场和近海作战的战场侦察，也便于实现与导弹的直接交联。

水面发现技术是指利用海上作战平台所携带的预警机、直升机、侦察机、无人机以及舰载雷达、飞行桅杆①发现敌情和目标的技术。水面发现技术的优点：海上作战平台可以前置部署，增加纵深的发现距离；可以对区域和目标实施连续侦察发现；海上作战平台所携带的空中侦察作战平台，具有与空中发现技术相同的优点和局限性；海上作战平台便于布设多种技术体制的雷达，以满足进攻、防御等不同作战任务的需要；多个海上作战平台组成海上编队，可以实现分布式探测。水面发现技术的缺点：受地球曲率影响，舰载雷达侦察发现范围受限；舰载雷达只要开机运行，就会被电子侦察卫星和技术侦察装备发现和定位，自身隐蔽性较差；舰载雷达威力易受海况和天气的影响。水面发现技术是海上作战的重要手段，用于支撑和保障海上编队和作战平台几乎所有的作战行动。

水下发现技术是指利用布设/预置的海底浮标和声呐阵、反潜飞机投放的声呐浮标、舰载的舰壳声呐和拖曳式声呐、有人/无人潜艇声呐、反潜飞机磁探测、飞机和卫星压力波探测等发现水下敌情和目标的技术。水下发现技术的优点：可以隐蔽布设、预置和前置，可以机动部署；水下部署隐蔽性强；技术手段多样，作战使用灵活。水下发现技术的缺点：受水介质的影响，各类探测波传播衰减快，侦察发现范围小；主动声呐工作时易被侦察和发现；对UUV等小型无人潜航器难以实施发现。因此，水下发现技术多用于在特定的海域实施伏击性侦察发现，多用于海上编队的警戒性和防御性侦察发现，多用于引导反潜导弹的攻击。

---

① 飞行桅杆是指利用四旋翼直升机将舰载雷达升至数千米高度，以扩大探测范围。

导弹侦察发现技术是指利用弹载传感器发现敌情和目标的技术。在战时，导弹可以用作一次性使用的侦察作战平台，用于抵近发现敌情和目标。弹道导弹可以用作一次性使用短时侦察卫星，亚声速/超声速/高超声速巡航导弹可以用作一次性使用长航时无人侦察机。这就使得导弹侦察发现技术具有与卫星和空中发现技术的共性特点。因此，导弹侦察发现技术多用于战时对疑似目标的火力抵近侦察，多用于召唤和引导后续导弹的进攻。

特战发现技术是指利用特战队员、特工人员深入敌后抵近侦察发现敌情和目标的技术，利用民机、民船、民众提供的情报和信息也属于此类发现技术。特战发现技术的优点：隐蔽，准确。特战发现技术的缺点：真假辨识度不可控。因此，特战发现技术多用于战场的预警情报，多用于对导弹实施召唤性打击。

融合发现技术是指利用各种发现技术融合形成的战场态势发现敌情和目标的技术。融合发现技术是最常用、最全面准确的发现技术。但是，融合发现技术需要的传感器多，传递信息的信道多，融合分析的资源多，信息传递的环节多，造成融合结果耗时多。在与势均力敌的敌方对抗中，难以充分地发挥融合发现技术的优势。

先于敌方发现是取胜的关键。除提升预警侦察系统的体能外，对预警侦察装备采用立体布势和前沿布势，更加有利于先于敌方发现。

2. 分类作战技术

分类作战技术是指对敌情和目标进行分类和识别的方法。目的是分清敌与友、军与民、主与次、真与假的目标性质，为己方发现和识别真正的打击目标创造条件。分类作战技术主要包括卫星分类技术、空中分类技术、陆上分类技术、水面分类技术、水下分类技术、导弹分类技术、特战分类技术、融合分类技术等。

电子侦察卫星主要利用侦察到的雷达信号的脉内特征（"雷达指纹"）分类和识别目标，成像侦察卫星主要利用高分辨率的光学、红外和雷达成像分类和识别目标。但在雷达静默、雨雪云雾条件下，卫星的分类功能会失效。

空中分类技术、陆上分类技术、水面分类技术、水下分类技术、特战分类技术使用与其发现技术相同的作战平台和传感器，只是分类识别的能力有所差别。其发现技术的特点也是分类技术的特点。发现技术的适用范围也同样适用于分类技术的应用。

导弹分类技术特指两类技术：一是导弹抵近侦察、发现和分类识别的技术；二是智能导弹利用多传感器和机器学习、大数据处理的优势，自主发现、分类和识别目标的技术。智能导弹分类技术的最大优点在于导弹发射后不再依赖导弹作战体系的支援，可以实现"发射后不管"。因此，导弹分类技术多用于对远程高价值目标的智能打击。

融合分类技术是战时最常用的分类技术。因为单一分类技术手段对战场态势、敌方目标特征的感知手段和利用特征信息是有限的，据此进行的分类和识别也具有一定的不确定性。只有融合各种分类技术的各种目标特征信息，比如雷达与技术侦察信息的融合处理，才能以较高的置信度分类和识别要攻击的目标。

在导弹作战中，目标的分类识别是一个难点和重点。因为敌方的目标往往与民用目标混合在一起，往往采用无线电静默等措施，进行巧妙的伪装和布设假目标进行诱骗。因此，准确地分类识别目标，既需要多源的信息融合，更需要结合指挥员和专业技术人员对敌方意图的判断、对战场态势的整体把控以及直觉力和决断力，借助机器学习和人工智能，科学而全面地实施分类作战。

3. 定位/跟踪作战技术

定位/跟踪作战技术是指对于选定的作战目标进行定位和跟踪的方法，目的是为导弹的打击提供目标指示和控制引导。定位/跟踪作战技术主要包括卫星定位/跟踪技术、空中定位/跟踪技术、陆上定位/跟踪技术、水面定位/跟踪技术、水下定位/跟踪技术、导弹定位/跟踪技术、特战定位/跟踪技术、融合定位/跟踪技术、过程定位/跟踪技术等。

定位作战技术和跟踪作战技术有共性也有区别。共性在于其本质都是对目标进行定位。区别在于：定位作战技术可以一次性地给出，多用于导弹进攻作战；跟踪作战技术必须连续地给出目标的位置和速度，多用于防御作战。

高精度的卫星发现/分类技术、空中定位/跟踪技术、陆上定位/跟踪技术、水面定位/跟踪技术、水下定位/跟踪技术、特战定位/跟踪技术等所获取的敌情和目标信息，一般可以满足导弹攻击目标指示、瞄准和导引控制的要求。

低精度的目标信息，经融合处理后一般也可以满足导弹攻击目标指示、瞄准和导引控制的要求。

随着分布式导弹技术的发展，低精度的态势级目标信息也可以满足导弹攻击目标指示、瞄准和导引控制的要求。

导弹定位/跟踪技术特指两类技术：一是导弹抵近定位/跟踪的技术；二是智能导弹利用多传感器和机器学习、大数据处理的优势，自主定位/跟踪目标的技术。智能导弹定位/跟踪技术的最大优点在于导弹发射后不再依赖导弹作战体系的支援，就可以实现"发射后不管"。因此，智能导弹定位/跟踪技术多用于对远程高价值目标的智能打击。

过程定位/跟踪技术是指在导弹发射到命中目标的时段内，导弹作战体系不断地获取和提供目标信息,并传递给进行攻击的导弹,直到导弹截获目标。这是一种"准备—发射—瞄准"的导弹作战流程。定位/跟踪成为一个过程事件,而不是作为传统作战的发射条件。

对于导弹进攻作战而言,一般给定定位信息就可以满足导弹作战的需要。而对于导弹防御作战而言,需要对目标的运动实施连续跟踪,给出运动轨迹和速度、加速度等信息,从而为导弹的打击提供正确有效的导引。这就是对防御系统的搜索和制导雷达要求更高的根本原因。

4. "六觉"作战技术

"六觉"作战技术是借鉴人体的眼、耳、鼻、舌、身、意的六个感知器官,对应到预警侦察系统和导弹感知目标的功能拓展,形成预警侦察系统和导弹的视觉、听觉、嗅觉、味觉、触觉和直觉,从而开拓预警侦察和导弹截获目标的作战技术途径,提升预警侦察系统感知和导弹截获目标的能力。

预警侦察系统和导弹的视觉是指通过感知目标的散射/反射信号特征,发现、分类和定位/跟踪目标。这是目前应用最为广泛的目标感知方式。比如,利用雷达的反射信号感知目标,利用太阳光的散射信号进行光学成像,利用目标散射的广播电视信号进行无源定位,利用目标反射的声信号感知水中和水下目标的主动声呐技术等。预警侦察系统和导弹视觉的发展方向是向全频谱拓展,向量子技术的应用拓展。

预警侦察系统和导弹的听觉是指通过感知目标辐射的信号特征,发现、分类和定位/跟踪目标。这也是目前应用比较广泛的目标感知方式。例如,利用目标辐射红外信号感知目标的红外感知技术,利用目标上的雷达和通信辐射信号感知目标的电子侦察技术,利用水面舰艇和潜艇辐射的声信号感知目标的被动声呐技术等。预警侦察系统和导弹听觉的发展方向是感知目标释放的其他特征信号,如舰艇目标释放的燃油废气,其组分具有典型的光谱特征,通过检测光谱特征的浓度和梯度,就可以大致得知目标的方位和距离;如核动力舰艇随二回路交换到海中的废水中,具有特殊的放射性辐射物质,通过检测这种放射性物质,就可以探知目标的存在;又如,地面履带和轮式车辆在行驶过程中会留下明显的车辙,通过红外、光学、雷达成像就可以远距离地探测到这种车辙,顺藤摸瓜,就可以找到目标所在。目标辐射的信号种类还有很多,需要不断地去探索,找到感知信号的新的传感器和信号处理方法。

预警侦察系统和导弹的嗅觉/味觉是指通过感知目标与其运动介质相互作用产生的衍生信号,来发现、分类和定位/跟踪目标的作战技术。这是一种新兴的目标探测感知技术,具有广阔的发展前景。例如,水面舰艇高速航行,在其舰尾会形成长长的尾流,通过探测这种尾流就可以找到目标的位置;飞机在大气中飞行，也会在大气中留下可供探测的痕迹；潜艇在水下航行，艇体与海水相互作用会形成低频压力波，压力波与海浪会形成特殊的干涉条纹，探测这种干涉条纹就可以发现和暴露潜艇的位置；水面舰艇和潜艇在航行中会形成特定类型的磁场信号和压力场信号，检测到这种信号就可以感知到目标的接近。目标与其运动介质相互作用产生的衍生信号，提供了一种发现目标的新方法，同样需要去探寻未知的衍生信号及其探测方法。

预警侦察系统和导弹的触觉是指通过接收外部信息感知目标的作战技术。比如，目标的信息链信息中，就包含有目标的性质、位置和速度等重要的目标信息，如果能够截获和破译数据链信息，就可以直接得到敌方的态势和位置信息；民用船只都装有船舶自动识别系统 AIS，AIS 系统配合全球定位系统，将船位、船速、船名等动态信息向附近水域船舶和岸台广播，以便于其他舰船采取必要的避让行动。目前很多军用船只都装有 AIS 系统，利用 AIS 信息可以识别军用还是民用船只；敌我识别信号也是可以利用的触觉信号。触觉的范围仍然广泛，需要以创新的思维探索更多的应用领域。

预警侦察系统和导弹的直觉是指仅利用与目标相关的片段信息，就可以凭直觉和经验发现目标存在的作战技术。人工智能技术的应用有两个分支：一个是进行大数据的挖掘形成智能；另一个是通过机器学习仅利用片段数据作出判断和结论。直觉作战技术是人工作战技术后一个发展分支的具体应用。利用片段信息的前提是经过深度学习和"经验"的积累，没有这种经验的积累，仅依赖片段信息作出判断是极其盲目和危险的。

导弹的"眼、耳、鼻、舌、身、意"的"六觉"，形成导弹的"色、声、香、味、触、法"的"六识"，"六识"的归纳和演绎产生导弹的智能。因此，"六觉"是导弹自主智能的前提和条件。

（三）决策作战技术

决策作战技术是指导弹 OODA 作战环中，实施决策行动的作战技术。主要包括人在回路决策、机器辅助决策、自主智能决策、事先决策、过程决策、风险决策。

1. 人在回路决策

人在回路决策是指由指挥员进行的决策。人在回路决策的优势在于，对于复杂的和动态的战场信息，可以依靠指挥员的整体把控能力、理论和经验的结合以及直觉的判断，做出更加符合实际的决策，实现主观与客观相吻合。人在回路决策的问题在于，指挥员的身体和精神状态、能力和水平、经验和直觉的差异和波动，会对决策的正确性带来影响；指挥员的精力是有限的，对复杂事物的判断需要思考、比较和鉴别的过程，做出决策的时间可能会较长，有可能贻误战机。

2. 机器辅助决策

机器辅助决策是指利用机器智能辅助指挥员进行决策。这种决策方式可以把指挥员的决策优势和机器辅助决策的优势有机地结合起来，可以加快决策的速度，提高决策的正确性。但由于决策的主体是指挥员，最后下决心的仍然是指挥员，因此，指挥员决策存在的问题依然会一定程度地存在。

3. 自主智能决策

自主智能决策是指完全依靠人工智能技术自主实施的决策。自主智能决策的优势在于，能够充分发挥机器学习、计算机速度和在海量信息中挖掘相关关系的能力，信息的利用会更加有效，决策的依据会更加充分，决策的正确性和速度会得到进一步的提升。这种决策的问题在于，人类是否信任机器做出的决策，机器做出的决策是否会受到敌方反智能手段的诱骗，这就限制了自主智能决策在重大和战略性作战行动中的运用。

4. 事先决策

事先决策是指在战前进行充分的火力筹划、攻击规划、对作战方案进行反复的优化和推演，并制定各类作战预案。"行成于思""运筹帷幄之中，决胜千里之外"，充分表明了事先决策的极端重要性。因此，把各种情况考虑得更加充分，把可能出现的问题和意外考虑得更加全面，把出现各种情况下的应对措施制定得更完备，把导弹作战计划和方案塑造得更有弹性，把导弹作战的规律和特点运用得更加自觉，就会"万变不离其宗"，处变不惊、临危不惧、应对自如。

5. 过程决策

过程决策是指在导弹作战的过程之中，根据变化了的情况，调整事先做出的决策，使之更加符合作战的实际。作战的不确定性是作战的基本规律，敌方变己方变、己方变在先是重要的取胜之道。企图在作战中以不变应万变是极端错误和极其危险的，也是必须坚决避免的。但有些时候，胜利也在最后的坚持和战略定力之中。

6. 风险决策

风险决策是指在有风险的情况下做出的决策。在导弹作战中经常有这样的情况，无论做出怎样的决策，都不可避免地存在风险，这就需要在风险中做出适当的决策和选择。风险决策是一门科学。首先要识别风险在哪里、风险是什么；其次要定量地分析风险的大小，风险大小的衡量标准是风险所带来后果的危害程度，按危害程度的大小，将风险区分为重大风险、中等风险和一般风险；最后，采取有效措施将重大风险、中等风险降低为一般风险，对全部的一般风险采取严格的管控措施，防止风险和危害的升级，并制定严格的预防措施和预案。

（四）兵力机动作战技术

兵力机动作战技术是指实施机动、展开和编队的行动作战技术，主要包括前冲机动、急退机动、迂回机动、躲闪机动、聚合机动、分散机动等。兵力机动作战技术的本质是兵力的机动和部署的调整。通过机动和调整，夺得导弹进攻有利的空间差和时间差。

1. 前冲机动

前冲机动是指向敌方所在位置迅速前进，拉近与敌方的距离，形成合理的空间差，发挥自己"拳头"长的优势，对敌方实施导弹攻击；或者是迅速接近敌方，避开敌方"拳头"长的优势，发挥自己近战的优势，克敌制胜。

2. 急退机动

急退机动是指在敌方有近战优势而己方有远战优势的情况下，迅速拉开与敌方的距离，形成合理的空间差，对敌方实施导弹攻击；或者是在己方位于敌方的打击区域，而敌方超出己方打击的范围的情况下，迅速后撤至超出敌方的打击范围，以确保自身的安全。

3. 迂回机动

迂回机动是指为隐蔽地接近敌方，向敌方的侧后进行的迂回机动。在敌方正面实施佯攻，以吸引、牵制敌方，利用迂回攻击敌方的侧翼，打出"勾拳"和"摆拳"，使敌方腹背受击、难以招架。

4. 躲闪机动

躲闪机动是指在敌方实施正面进攻的情况下，急速向左右两侧机动闪开，以避开导弹的打击；或者是对于采用匹配制导技术的攻击导弹，作战平台只要腾挪出原来的位置，就可以避开敌方的导弹打击。科索沃战争中，南联盟就是利用这种办法有效抗击了"战斧"巡航导弹对重点军事目标打击的。

5. 聚合机动

聚合机动是指在多作战平台编队机动的情况下，迅速拉近作战平台之间的相互距离，以利于具有防空反导能力的作战平台保护其他作战平台的安全。航母战斗群的防御队形，就是这种聚合收拢的编队形式。

6. 分散机动

分散机动是指在多作战平台编队实施机动和进行导弹攻击的情况下，为隐蔽机动和打击意图，降低被敌方发现的可能性，所采取的编队分散机动形式。

分布式打击采用的就是这种作战概念。

（五）导弹攻击作战技术

导弹攻击作战技术是指导弹进攻作战的机动打击的行动方法，是根据导弹的弹道特点、速度特点、射程特点、规划特点等的不同而决定的行动方法。按照导弹类型的不同，导弹攻击作战技术主要分为亚声速巡航导弹攻击作战技术、弹道导弹攻击作战技术、超声速/高超声速/滑翔导弹攻击作战技术、空空导弹攻击作战技术、分布式导弹攻击作战技术以及网电攻击作战技术六类。

1. 亚声速巡航导弹攻击作战技术

亚声速巡航导弹作战具有滞空时间长、飞行弹道低、隐身性能好、战斗载荷大、导弹体量小的突出特点。亚声速巡航导弹攻击作战技术主要包括正面攻击作战技术、规划攻击作战技术、自主攻击作战技术、低—低攻击作战技术、低—高攻击作战技术、巡飞攻击作战技术、空中待机攻击作战技术、刺探攻击作战技术和协同攻击作战技术等。

正面攻击作战技术是指采用直接射向目标的导弹进攻作战技术。正面攻击作战技术的优点：飞行路径和飞行时间最短，发射准备更为快速便捷。正面攻击作战技术的缺点：难以避开敌方正面的防御。因此，正面攻击作战技术主要用于近程巡航导弹的进攻作战、反舰巡航导弹的进攻作战。

规划攻击作战技术是指对中远程亚声速巡航导弹的任务和航迹进行预先规划的攻击作战技术。目的是进行匹配制导，绕开敌方防御系统，选择最佳攻击方向和路径。规划攻击作战技术优点：飞行航迹机动灵活，可以不依赖卫星进行中制导修正，可以绕开敌方防御系统和气象恶劣区域，可以随地形起伏保持相对较低的飞行高度，可以避开飞行航路上的各种障碍，可以中途改变攻击的任务和目标。规划攻击作战技术缺点：任务和航迹规划需要的地形、气象、目标的保障要求高，战时调整规划时间长，发射准备复杂、时间长，有些目标由于不具备规划条件而不能利用规划攻击作战技术进行打击。因此，规划攻击作战技术主要用于中远程巡航导弹对地面目标的打击。

自主攻击作战技术是指中远程亚声速智能巡航导弹自主规划航迹、选择打击目标的攻击作战技术。其另一层含义是导弹在飞行过程中，接收上传的新的打击目标卫星图片，导弹自主在线选定打击目标、规划攻击航迹。其优点是自主智能，无须规划任务和航迹，可实现"发射后不管"。缺点是自主智能具有一定的不确定性。因此，自主攻击作战技术主要用于远程智能反舰作战。

低—低攻击作战技术是指亚声速巡航导弹全程超低空飞行的攻击作战技术。其优点是飞行隐蔽，打击突然。缺点是对航路有障碍的目标不能打击。因此，低—低攻击作战技术主要用于反舰作战。

低—高攻击作战技术是指亚声速巡航导弹主要飞行在超低空状态，在末段拉起俯冲的攻击作战技术。其优点是飞行隐蔽，打击突然，可以对目标实施灌顶攻击，可以打击的目标更加多样、灵活。缺点是拉起俯冲的过程易被发现、干扰和拦截。因此，低—高攻击作战技术主要用于对地面目标的打击。

巡飞攻击作战技术是指利用亚声速巡航导弹滞空时间长、飞行机动灵活、任务功能多样的特点对目标实施控制和打击的攻击作战技术。巡飞攻击作战技术利用导弹的长时间滞空能力，在一个作战区域内巡飞进行区域控制作战，巡飞弹在作战区域内一旦发现目标，即可自行或者引导其他巡飞弹攻击目标，使得区域内的敌方目标不敢轻举妄动，达到区域控制的目的。巡飞攻击作战技术的另一个含义是指装载激光、电磁脉冲战斗部的亚声速巡航导弹，按规划的飞行路线依次飞临敌方军事目标上空，对其指挥通信装备等实施攻击，使其指挥控制网络失效，达到制信息权的目的。巡飞攻击作战技术的优点：可以进行区域控制，可以实现察打一体。巡飞攻击作战技术的缺点：为确保足够的巡飞控制时间，巡航导弹需抵近控制区投放，巡飞过程易遭拦截与打击。因此，巡飞攻击作战技术主要用于在夺取制空权条件下的区域控制和打击。

空中待机攻击作战技术是指利用亚声速巡航导弹长航时的特点，预先将巡航导弹发射至攻击目标区附近的待机区进行隐蔽盘旋待机，接到目标指示和打击命令之后，从近距离对目标进行快速打击的攻击作战技术。空中待机攻击作战技术的优点：将发射和打击分成两个阶段，打击更加可控、灵活和快速，可以实现发现即摧毁。空中待机攻击作战技术的缺点：一旦待机区附近没有出现可打击的目标，待机的巡航导弹将失效。因此，空中待机攻击作战技术主要用于对时敏目标、临机出现目标的即时打击。

刺探攻击作战技术是指利用换装侦察载荷的巡航导弹对疑似目标进行火力侦察，迫敌进行防御行动，从而暴露敌目标性质和漏洞的攻击作战技术。刺探攻击作战技术的优点：可以对目标进行抵近侦察，可以暴露敌方目标性质和位置，可以召唤后续导弹实施攻击。因此，刺探攻击作战技术主要用于目标采取电磁静默等措施后，在己方难以判明敌方目标性质的情况下，对疑似目标的试探性导弹进攻。

协同攻击作战技术是指一组多发巡航导弹对敌作战目标实施的多对一和多对多的分布式协同攻击作战技术。这种协同可以是领弹与从弹的协同，可以是采取不同制导体制的导弹的协同，也可以是执行不同任务的导弹的协同。实现分布式协同的手段是弹载数据链。协同攻击作战技术的优点：实现"三个臭皮匠顶个诸葛亮"的打击能力倍增，丰富作战任务和样式，提高抗干扰、抗拦截能力，降低打击成本。协同攻击作战技术的缺点：弹间数据链一旦破网断链，协同打击将失效。因此，协同攻击作战技术主要用于对严密设防的、需要多发导弹予以摧毁的、高价值目标的饱和式攻击。

亚声速巡航导弹丰富而高效的攻击作战技术，是近代历次局部战争中亚声速巡航导弹被大量使用、屡建奇功的根本原因，也是其在今后相当长的历史时期内长盛不衰的优秀基因。

2. 弹道导弹攻击作战技术

弹道导弹作战具有保障要求低、准备简单、飞行速度快、载荷能力强、威力大的突出特点。弹道导弹攻击作战技术主要包括正面直接攻击作战技术、末段机动攻击作战技术、躲避机动攻击作战技术、刺探攻击作战技术和协同攻击作战技术等。

正面直接攻击作战技术是指弹道导弹按标准惯性弹道飞行、不进行弹道机动的导弹攻击作战技术。其优点是直接，快速，准确，威力大。缺点是弹道固定，易遭拦截，突防能力弱。因此，正面直接攻击作战技术主要用于对地面固定目标的打击。

末段机动攻击作战技术是指弹道导弹弹头再入大气层之后进行减速拉起和机动的导弹攻击作战技术。末段机动攻击作战技术的优点：减速机动利于实现导弹的末制导，末段机动有利于增加导弹对目标的搜索和打击范围，末段突防能力强。末段机动攻击作战技术的缺点：相对于巡航导弹和滑翔导弹，机动范围有限，对目标保障的要求较高。因此，末段机动攻击作战技术主要用于反大型水面舰艇作战、对地面高价值目标的精确打击。

躲避机动攻击作战技术是指弹道导弹在中段飞行中按程序或拦截威胁进行弹道机动的导弹攻击作战技术。其优点是突防能力强。缺点是技术复杂，机动次数有限，影响打击精度。因此，躲避机动攻击作战技术主要用于能够感知拦截弹威胁情况下的弹道导弹进攻作战。

刺探攻击作战技术是指利用弹道导弹进行火力侦察的导弹攻击作战技术。主要适用于快速对疑似目标进行火力侦察和引导打击。

协同攻击作战技术是指一组多发弹道导弹进行分布式协同攻击的导弹攻击作战技术。主要适用于对海上编队目标的分布式打击，适用于弹道导弹战斗弹、突防弹和信攻扰弹的分布式对地攻击。

3. 超声速/高超声速/滑翔导弹攻击作战技术

超声速/高超声速/滑翔导弹作战技术具有在临近空间飞行、飞行速度快、纵向机动能力强、横向机动能力次之、突防能力强、攻击威力大的特点。超声速/高超声速/滑翔导弹攻击作战技术主要包括高举高打攻击作战技术、横向机动攻击作战技术、末段下压水平攻击作战技术、末段螺旋俯冲攻击作战技术、刺探攻击作战技术和协同攻击作战技术等。

高举高打攻击作战技术是指利用超声速/高超声速/滑翔导弹的高速飞行的正面俯冲攻击能力实施的导弹攻击作战技术。高举高打攻击作战技术的优点：速度快，时间短，俯冲攻击突然性强，威力大。高举高打攻击作战技术的缺点：易被探测发现，相对于机动飞行易被拦截。因此，高举高打攻击作战技术主要适用于打击时敏目标。

横向机动攻击作战技术是指利用超声速/高超声速/滑翔导弹的横向机动能力躲避反导拦截、改变攻击任务和打击目标、对目标实施多向攻击的导弹攻击作战技术。横向机动攻击作战技术的优点：导弹攻击范围大，飞行轨迹和作战任务难以预判，突防能力强，作战使用更加灵活。横向机动攻击作战技术的缺点：事先规划的横向机动提高突防能力有限，发现拦截弹后的横向机动则增加了导弹的复杂性，横向机动会损失射程。因此，横向机动攻击作战技术主要适用于躲避拦截和对目标的多向攻击。

末段下压水平攻击作战技术是指超声速/高超声速/滑翔导弹在飞行的后半程压低弹道做低空飞行、对目标实施水平攻击的导弹攻击作战技术。其优点是低空突防能力强。缺点是射程损失大。因此，末段下压水平攻击作战技术主要用于与势均力敌的敌方对抗下的反舰作战。

末段螺旋俯冲攻击作战技术是指超声速/高超声速/滑翔导弹采用螺旋机动的方式进行俯冲攻击的导弹攻击作战技术。末段螺旋俯冲攻击作战技术的优点：末段突防能力强，海杂波影响小，命中精度高，威力大。末段螺旋俯冲攻击作战技术的缺点：俯冲攻击时间加长，速度降低。因此，末段螺旋俯冲攻击作战技术主要用于高海况下的、末段防御能力强的反舰作战。

刺探攻击作战技术是指利用超声速/高超声速/滑翔导弹进行火力侦察的导弹攻击作战技术。其优缺点和适用范围同亚声速巡航导弹刺探攻击作战技术。

协同攻击作战技术是指一组多发超声速/高超声速/滑翔导弹对目标进行多对一、多对多攻击的导弹攻击作战技术。其优缺点和适用范围同亚声速巡航导弹的协同攻击作战技术。

4. 空空导弹攻击作战技术

空空导弹作战具有以动制动的高动态、对载机作战平台的高要求、导弹飞行的高机动性、小战斗部与高精度命中的高匹配性等特点。空空导弹攻击作战技术主要包括远距导弹攻击作战技术、中距导弹拦截作战技术和近距导弹格斗作战技术。

远距导弹攻击作战技术是指利用远程空空导弹或"飞行挂架"对空中目

标进行打击的导弹攻击作战技术。远距导弹攻击作战技术需要满足先敌发现、先敌发射、先敌命中、先敌脱离的攻击要求，远距离发现一般依赖外部态势级信息，导弹的远距离截获一般依赖领弹和导弹的协同探测。"飞行挂架"可以增加远程空空导弹的攻击距离，可以弥补载机能力的不足，提高远程对空打击的灵活性。远距导弹攻击作战是典型的制空体系作战。

中距导弹拦截作战技术是指利用中距空空导弹对空中目标实施拦截打击的作战技术。中距导弹拦截作战技术需要满足先敌发现、先敌发射、先敌命中、先敌脱离的攻击要求，对载机的发现距离、导弹的截获距离和飞行速度具有较高的要求。

近距导弹格斗作战技术是近距格斗弹打击空中目标的导弹攻击作战技术。近距格斗作战要求导弹有极高的快速反应能力、高机动过载能力、离轴发射和越肩攻击能力。

空空导弹攻击作战技术是导弹作战体系最复杂、战机捕捉条件最苛刻、导弹体量最小且体能要求最高、与载机作战平台协同最紧密、对操控人员要求最高的导弹攻击作战技术。

5. 分布式导弹攻击作战技术

分布式导弹攻击作战技术是指不同种类的导弹进行协同打击的导弹攻击作战技术。分布式导弹攻击作战技术可以发挥不同种类导弹进攻作战技术的优势，扬长避短，实现对作战目标的高效打击。分布式导弹攻击作战技术主要包括弹道导弹与超声速/高超声速/滑翔导弹分布式攻击作战技术、弹道导弹与亚声速巡航导弹分布式攻击作战技术和超声速/高超声速/滑翔导弹与亚声速巡航导弹分布式攻击作战技术等。

弹道导弹与超声速/高超声速/滑翔导弹分布式攻击作战技术，可以利用弹道导弹飞行弹道高的特点遂行目标侦察发现、目标指示和打击效果评估任务，直接引导和召唤超声速/高超声速/滑翔导弹对目标实施打击；也可以利用超声速/高超声速/滑翔导弹遂行目标侦察发现、目标指示和打击效果评估任务，直接引导和召唤弹道导弹对目标实施打击。

弹道导弹与亚声速巡航导弹分布式攻击作战技术，可以利用亚声速巡航导弹对打击目标实施抵近侦察，直接引导和召唤弹道导弹对目标实施打击，并对打击效果实施评估。

超声速/高超声速/滑翔导弹与亚声速巡航导弹分布式攻击作战技术，可以利用亚声速巡航导弹对打击目标实施抵近侦察，直接引导和召唤超声速/高超声速/滑翔导弹对目标实施打击，并对打击效果实施评估。

6. 网电攻击作战技术

网电攻击作战技术是指在实施导弹攻击作战之前或同时，对敌方作战体系和目标先行实施网络电磁攻击的软杀伤，以压制和降低敌方作战体系的能力，迟滞和阻断敌方 OODA 作战环的闭合。除使用常规的作战平台进行网络电磁进攻以外，利用无人作战平台和换装网络电磁进攻载荷的导弹，可以抵近敌方作战平台实施网电攻击。如果将网电攻击导弹与打击导弹进行协同攻击，打击的效果更加显著。

（六）组合打击作战技术

组合打击作战技术是将不同的导弹进攻作战技术进行合理的两两组合而形成的导弹进攻作战技术，主要包括侦察作战技术与导弹攻击作战技术的组合、决策作战技术与导弹攻击作战技术的组合、兵力机动作战技术与导弹攻击作战技术的组合、布势作战技术与导弹攻击作战技术的组合等。

1. 侦察作战技术与导弹攻击作战技术的组合

侦察作战技术与导弹攻击作战技术的组合是指将传感器与导弹交联的作战技术，是信火一体的具体体现。主要包括六种样式：一是引导式打击，是指导弹在地面/舰载/机载制导雷达的引导下，飞向目标，直到与导弹的末制导实施交接，空空导弹一般使用引导式打击方法。二是势导式打击，是指利用战场信息云提供的态势级制导信息，实现与导弹的末制导交接，未来的空空导弹作战就可以实现势导式的打击。三是领导式打击，是指利用领弹将发现的目标信息传递给从弹，引导从弹攻击目标的方法，导弹协同打击往往采用领导式打击方法。四是自导式打击，是针对携带子弹的导弹，利用抛洒前子弹固联的特点，将每个子弹的雷达导引头进行协同相参，从而提升导弹的探测能力，特别是提升对隐身目标的探测能力。五是分导式打击，是指协同攻击的导弹群，将各自获取的目标信息实时共享，通过信息融合提高导弹制导精度和打击能力的方法。这种打击方法可以使用若干个低探测精度的导弹，通过制导信息共享，实现高性能的目标探测和高精度的导弹打击，这也是未来发展的重点方向之一。六是召唤式打击，是指地面部队和特种兵侦察到临机出现的目标之后，实时召唤导弹打击的方法。特战队员可以提供目标的位置，也可以实施激光半主动的引导召唤。这种打击方法适用于在敌方纵深区域的导弹作战。

2. 决策作战技术与导弹攻击作战技术的组合

决策作战技术与导弹攻击作战技术的组合主要是针对无人导弹作战平台，采用人工智能作战技术，使导弹自主智能地打击敌方目标。这种无人导弹作战平台主要包括无人作战飞机、无人作战车辆、无人作战水面舰艇以及无人作战潜艇等。

3. 兵力机动作战技术与导弹攻击作战技术的组合

兵力机动作战技术与导弹攻击作战技术的组合是指将兵力机动和导弹进攻相结合的导弹作战技术。水面舰艇的导弹垂直发射作战技术、空空导弹的后向和全向发射作战技术、无人作战平台的抵近发射作战技术、"海德拉"系统的预置伏击作战技术等，均属于兵力机动与导弹攻击组合作战技术。

4. 布势作战技术与导弹攻击作战技术的组合

布势作战技术与导弹攻击作战技术的组合是指导弹作战体系中的预警侦察系统与导弹作战平台，在不同的布势下与导弹攻击作战技术的组合。主要包括预警侦察在前、导弹作战平台在后的打击作战技术；预警侦察在后、导弹作战平台在前的打击作战技术；预警侦察在前、导弹作战平台在前的打击作战技术；预警侦察在后、导弹作战平台在后的打击作战技术；预警侦察在上、导弹作战平台在下的打击作战技术；预警侦察在上、导弹作战平台在上的打击作战技术；预警侦察在下、导弹作战平台在上的打击作战技术；预警侦察在下、导弹作战平台在下的打击作战技术；导弹作战平台位于预警侦察网络之中的打击作战技术；导弹作战平台位于预警侦察区域外分散部署的打击作战技术等。

（七）效果评估作战技术

效果评估作战技术是指对导弹作战的效果，特别是对目标毁伤的效果进行实时的评判，为制订下一波次的打击计划提供依据。主要包括体系评估、弹载评估、协同评估、间接评估、经验评估等。

1. 体系评估

体系评估是指利用作战体系强大的预警侦察能力，对导弹作战效果进行实时的评估。体系的预警侦察能力一般涵盖从导弹发射区到目标区的全范围，特别是天基和机载预警侦察，可以对目标的毁伤效果进行近似临空的侦察。只要天候情况许可，光学侦察卫星和无人侦察机的精度足以给出导弹毁伤清晰的景象。体系评估作战技术是进行导弹作战效果评估的主要方法。

2. 弹载评估

弹载评估是指利用导弹携带的侦察载荷，对导弹的打击效果进行评判。导弹用于寻的雷达/光学探测装备，除了可以用于探测目标之外，还可以作为侦察手段使用。导弹作为一个飞行作战平台，可以携带雷达和光学等多种侦察载荷，通过飞临目标上空，对导弹打击效果进行近距离的观察评估。

3. 协同评估

协同评估是指进行协同攻击的导弹群，利用其中一发导弹进行弹载侦察，把其他导弹打击的情况传回后方以后，仍然可以继续实施导弹打击。许多"察打一体"的无人机和导弹，最适合用于协同评估。

4. 间接评估

间接评估是利用媒体直播、目标是否失能等间接的方式，对导弹的打击效果进行评估。在信息化战争条件下，精确制导武器极低的附带损伤，为新闻媒体直播打击实况提供了可能，根据新闻画面和报道的情况，可以得出目标毁伤的具体情况。许多作战平台和目标都装载有警戒和制导雷达，而这些雷达信号都可以在远距离被卫星和技侦装备侦察到，目标遭袭后，如果雷达信号消失或功率下降，就可以间接地判断出目标受损的情况。

5. 经验评估

经验评估是指根据掌握的导弹毁伤能力，在进行饱和式和覆盖式进攻且目标的防御能力薄弱的情况下，根据经验就能够判断出对目标的毁伤程度。这些经验来自实战的积累，来自作战训练得到的经验数据，来自对己方导弹武器装备作战能力的自信。

6. 外推评估

外推评估是指利用导弹命中目标前的相关信息，对导弹命中目标后的命中精度和毁伤效果进行外推处理，根据外推的命中精度和事先掌握的目标毁伤特性，评估可能的毁伤效果。

三、导弹防御作战技术

导弹防御作战技术是指对敌方的进攻实施防御的导弹作战技术。导弹防御作战体系主要分为国家级、战区级、要地级、目标级四级防御作战体系。导弹防御作战体系的各作战要素组成预警探测网、指挥控制网、导弹打击网"三网一体"的防御作战网络。从导弹防御作战要素和导弹防御作战链出发，导弹防御作战技术主要包括布势作战技术、探测作战技术、指控作战技术、制导作战技术、毁伤作战技术、多目标作战技术、体系作战技术和被动防护作战技术等。

（一）布势作战技术

布势作战技术是指导弹防御作战体系中有关预警探测、指挥控制、导弹打击系统部署方式的导弹防御作战技术。导弹防御作战体系布势的主要任务是依据防御任务将体系的各要素进行合理部署。主要包括网络布势、立体布势、方向布势、要地布势、伴随布势、编队布势、多层布势等。

1. 网络布势

网络布势是指将分散部署的导弹防御作战体系各要素，通过网络连接起来的布势作战技术。目的是在实战对抗的战场环境中，提高体系各要素之间互联、互通、互操作能力和体系重组相互替代的能力。

网络布势的优势在于，导弹防御作战体系各要素之间互联互通，没有中心节点，体系更加强壮，抗毁能力强；体系的整体性进一步增强，各要素能力可以实现倍增；系统的互操作能力和重组能力强，更加适用于分布式网络化防御作战的发展趋势。

存在的问题是，体系连接要求高、难度大，系统易遭受网络攻击和破网断链打击。一旦遭受网络攻击和破网断链打击，体系将面临瘫痪的危险。

2. 立体布势

立体布势是指导弹防御作战体系中的预警探测系统以及导弹防御作战平台，在立体的作战空间部署的布势作战技术。目的是获取全方位、全纵深的态势感知和导弹拦截能力。例如，预警探测系统中卫星、地面雷达和舰载雷达组成的探测立体布势；天基、空基、陆基和海基作战平台构成的作战平台立体布势。

立体布势的优势在于，形成分布式部署态势，感知和控制的范围更加广泛，态势信息的共享更加便利，摧毁或者破坏这种布势的难度更大。

存在的问题是，协同比较困难，卫星系统易遭攻击和失效。一旦卫星失效，立体布势的优势则大打折扣。

3. 方向布势

方向布势是指导弹防御作战体系在重点防御方向、全向防御的布势作战技术。重点防御方向布势是指将导弹防御的主要力量朝向主要威胁方向的布势作战技术，如海上编队的防御布势一般采用重点防御方向的布势技术。全向防御布势是将导弹防御作战体系沿所有方向均衡部署的布势作战技术，如重要区域防御部署一般采用全向防御布势技术。

方向布势的优势在于，重点方向布势使得防御力量更加集中高效，全向防御布势使防御更加严密。

存在的问题是，重点方向防御布势对其他方向的来袭目标防御能力不足、调整不便，而全向防御布势需要更多的防御力量。

4. 要地布势

要地布势是指导弹防御作战体系中的全部要素或主要要素部署在同一个区域的布势作战技术。目的是利用区域内的地形地貌、气候条件和社会环境进行隐蔽机动，对区域内的目标实施防御。例如，部署在机场、码头的防空导弹系统，用于机场码头的区域防护，采取的就是要地布势技术。

要地布势的优势在于，在一个区域内实现兵力和能力的集中，有利于形成防御作战的"拳头"，有利于在区域内集中开展各类保障，有利于利用区域内的特殊条件进行机动、展开和作战。

存在的问题是，区域相对固定，兵力相对集中，容易暴露行踪，容易受到割裂和打击；对于要地防护而言，由于被保护目标的极端重要性，其防御系统必然面临首先遭受打击的局面。

5. 伴随布势

伴随布势是指伴随需保护目标一同机动的布势作战技术。伴随布势是对机动目标的防御布势技术，目的是对重要的机动目标在机动作战中实施防御。例如，陆基野战防空就采用伴随布势技术。

伴随布势的优势在于，防御力量集中高效、反应迅速，可遂行行进间防御。

存在的问题是，防御力量集中在末端和低层，防御能力有限。

6. 编队布势

编队布势是指海上编队中的防御力量在重点方向部署的布势作战技术。目的是防御敌方海上编队或岸基力量对己方海上编队的进攻作战。例如，航母战斗群的防御编队队形采用的就是编队布势技术。

编队布势的优势在于集中防御力量于重点方向。

存在的问题是对其他方向的防御薄弱。

7. 多层布势

多层布势是指防御力量的部署按照远中近程、高中低层相互衔接、覆盖部署和打击的布势作战技术，目的是对来袭目标实施多重拦截。例如，重要区域防御力量的部署采用的就是多层布势技术。

多层布势的优势在于防御严密。

存在的问题是需要更多的防御力量。

（二）探测作战技术

探测作战技术是指导弹防御作战体系中有关预警探测系统发现来袭目标的导弹防御作战技术。导弹防御作战体系探测的主要任务是搜索和发现来袭目标的性质、数量、批次及其态势，主要包括多功能探测、组合探测和体系探测等。

1. 多功能探测

多功能探测是指探测雷达具备搜索、制导一体化多功能的探测作战技术，如舰载"宙斯盾"系统。

2. 组合探测

组合探测是指将搜索雷达和制导雷达有所区分,组合起来开展探测的探测作战技术,如 S-300 防空武器系统。

3. 体系探测

体系探测是指部署更加强大的雷达或天基作战平台,并运用体系的预警探测信息,进行融合处理以形成信息场的探测作战技术,如国家级防空反导系统。

(三) 指控作战技术

指控作战技术是指导弹防御作战体系中有关指挥和控制的导弹防御作战技术。导弹防御作战的指挥控制的主要任务是依据来袭目标的态势,决策和指挥防御系统拦不拦、谁来拦、何时拦、怎么拦,主要包括独立式、垂直式和网络式指控作战技术等。

1. 独立式指控作战技术

独立式指控作战技术是指防御导弹作战单元依靠单元内功能要素完成导弹防御的指控作战技术。独立式指控作战技术不依赖于外部信息的支援和指挥,可以实现作战单元的独立作战。伴随防御和点防御一般采用独立式指控作战技术。

2. 垂直式指控作战技术

垂直式指控作战技术是指对于树状结构的导弹防御作战体系,由上一级指控系统对下一级指控系统的逐级或越级指挥控制的指控作战技术。战术单位级和基地级导弹防御作战体系多采用垂直式指控作战技术。

3. 网络式指控作战技术

网络式指控作战技术是指对于网络化结构导弹防御作战体系,由各网络节点相互指挥和控制的指控作战技术。国家级、战区级导弹防御联合作战体系一般采用网络式指控作战技术。

(四) 制导作战技术

制导作战技术是指导弹防御作战体系中有关引导、控制拦截导弹,跟踪、截获和打击来袭目标的导弹防御作战技术。制导作战的主要任务是引导导弹拦截目标。制导作战技术包括独立制导作战技术和协同制导作战技术。

1. 独立制导作战技术

独立制导作战技术是指导弹防御作战单元和导弹作战平台自身引导和控制

拦截导弹拦截目标的制导作战技术。按制导体制划分为指令式制导作战技术、主动式制导作战技术、半主动式制导作战技术、被动式制导作战技术、红外制导作战技术和复合制导作战技术等。

指令式制导作战技术是指用由导弹防御作战单元和导弹作战平台的制导雷达向拦截导弹发送制导指令，引导和控制导弹拦截目标的制导作战技术。指令式制导技术主要用于拦截导弹的中段制导。

主动式制导作战技术是指由拦截导弹主动雷达导引头自主引导拦截导弹拦截来袭目标的制导作战技术。主动式制导作战技术主要用于中远程拦截导弹的末制导。

半主动式制导作战技术是指拦截导弹跟踪目标反射的照射雷达波攻击目标的制导作战技术。半主动式制导作战技术主要用于中近程拦截导弹的制导。

被动式制导作战技术是指拦截导弹的被动式末制导雷达导引头跟踪目标辐射信号进行目标拦截的制导作战技术。被动式制导作战技术主要用于打击预警机、侦察机的拦截导弹的末制导。

红外制导作战技术是指拦截导弹的红外导引头跟踪目标红外信号拦截来袭目标的制导作战技术。红外制导作战技术主要用于近程拦截导弹的末制导和反导、反临近导弹的末制导。

复合制导作战技术是指拦截导弹采用主动与被动复合、主动与红外复合、被动与红外复合末制导的制导作战技术。复合制导作战技术主要用于提高拦截导弹的抗干扰能力和环境适应能力。

2. 协同制导作战技术

协同制导作战技术是指导弹防御作战单元和导弹作战平台依靠外部信息引导拦截导弹拦截来袭目标的制导作战技术。协同制导作战技术主要包括外部信息制导作战技术、外部信息支援作战技术、航迹合成作战技术、三角定位作战技术、接力制导作战技术和分布式协同制导作战技术等。

外部信息制导作战技术是指拦截导弹的发射诸元和中制导信息全部来自导弹防御作战单元和导弹作战平台之外、依靠外部信息实现中末制导交班的制导作战技术。外部信息制导作战技术主要用于势导式拦截作战和无源式拦截作战。

外部信息支援作战技术是指拦截导弹的发射诸元和中制导信息主要来自导弹防御作战单元和导弹作战平台、部分来自外部的制导作战技术。外部信息支援作战技术可以提高导弹防御作战单元和导弹作战平台的防御能力。

航迹合成作战技术是指拦截导弹的发射诸元和中制导信息来自导弹防御作战单元、导弹作战平台和外部信息的合成和融合的制导作战技术。航迹合成作战技术主要用于体系化和网络化的导弹防御作战。

三角定位作战技术是指在攻防对抗干扰环境下，导弹防御作战单元和导弹作战平台的制导雷达难以实现单站定位，利用相邻两个或两个以上单元的制导雷达的目标方位信息进行三角定位，引导拦截导弹拦截目标的制导作战技术。三角定位作战技术主要用于强对抗条件下的导弹防御作战。

接力制导作战技术是指由不同的作战平台和作战单元接力为拦截导弹提供中制导信息的制导作战技术。接力制导作战技术主要用于对远程超视距目标的拦截作战。

分布式协同制导作战技术是指一组协同作战的拦截导弹自主进行信息级、信号级协同融合形成统一末制导信息的制导作战技术。分布式协同制导作战技术主要用于导弹防御实施分布式协同作战。

（五）毁伤作战技术

毁伤作战技术包括传统毁伤和新型毁伤两类。传统毁伤主要包括破片式杀伤和动能碰撞式杀伤。新型毁伤是指针对当前和未来新出现的隐身打击目标、智能打击目标、蜂群打击目标和热结构打击目标而创新发展的新型毁伤方式，主要包括"失基式""失性式""失能式""失联式"毁伤技术等。

（六）多目标作战技术

多目标作战技术是指导弹防御作战体系探测、制导、拦截多个来袭目标的能力。主要包括多目标探测作战技术、多目标制导作战技术、多目标拦截作战技术、群目标拦截作战技术等。

1. 多目标探测作战技术

多目标探测作战技术是指导弹防御作战体系发现、探测、跟踪和识别敌方进攻目标的批次、规模、数量和态势的多目标作战技术。多目标探测作战技术是判断威胁态势、制定拦截计划、分配拦截任务的前提和基础。实现多目标探测主要依靠导弹防御作战体系部署的相控阵探测和制导雷达，以及国家级预警探测体系提供的空情信息。

2. 多目标制导作战技术

多目标制导作战技术是指导弹防御作战体系的指挥和制导控制系统，能够导引拦截导弹同时对多批次、多数量的来袭目标实施拦截的多目标作战技术。多目标制导作战技术主要通过导弹作战平台和单元的制导雷达、领弹、态势级数据链等手段实现。

3. 多目标拦截作战技术

多目标拦截作战技术是指拦截导弹对多个来袭目标同时实施拦截的多目标作战技术。多目标拦截作战技术主要通过同时发射多枚拦截导弹、发射子母拦截弹、协同攻击的拦截弹组群实施的"多对多"拦截等手段实现。

4. 群目标拦截作战技术

群目标拦截作战技术是对来袭的蜂群无人机等蜂群目标实施拦截的多目标作战技术。蜂群目标具有目标数量众多、覆盖范围广、目标成本低、抗毁和重组能力强的特点。蜂群拦截作战技术手段主要包括打击释放和控制蜂群无人机的母机拦截作战技术、阻扰蜂群协同数据链拦截作战技术、阻断母机与蜂群指挥链和数据链拦截作战技术、利用"失联式"拦截弹毁伤子群目标拦截作战技术等。

（七）体系作战技术

1. 探测体系作战技术

探测体系作战技术是指在导弹防御作战中，通过融合所辖范围内的海基、陆基、空基、天基及技侦、情报等预警探测信息、情报信息等，综合运用于导弹防御作战的技术。主要包括预警探测信息获取技术、预警探测信息融合技术、预警探测信息利用技术等。

2. 拦截体系作战技术

拦截体系作战技术是指导弹防御作战时为完成一定的作战任务或达成某一目标，动态组合防御作战体系各类作战平台、各种类型火力资源，达到拦截作战目标的技术。主要包括火力配系技术、火力联合运用技术等。

3. 高效体系作战技术

高效体系作战技术支持导弹防御作战时为达到作战目标，通过对作战资源合理搭配运用、智能筹划对抗、快速指挥控制，充分利用防空导弹防御系统低成本技术等的作战技术。主要包括低成本技术、通用化技术、体系资源运用技术等。

（八）被动防护作战技术

1. 伪装作战技术

伪装作战技术是指利用隐真示假的方式，使敌方难以发现己方真实的作战目标，或者迷惑敌方，给敌方造成错觉和误判。主要包括隐真作战技术和示假作战技术。

隐真作战技术是指利用伪装等作战技术，将真实的目标特征掩藏起来的伪装作战技术。常用的隐真作战技术包括：一是外形隐真，通过伪装网、伪装涂料和智能伪装材料对目标进行隐真和变形；二是信号隐真，通过无线电静默进行隐藏，通过使用低截获雷达和通信减小被发现的概率；三是踪迹隐真，通过消除目标行动踪迹进行隐藏；四是民用隐真，通过军用作战平台伪装成民用作战平台进行隐藏等，如利用民用集装箱运输车替代导弹发射车。

信号隐真和踪迹隐真目前还存在薄弱环节。导弹作战平台与作战体系的联系大多依靠短波/超短波电台，而现在的星载和机载电子侦察技术能够敏锐捕捉到通信信号，锁定其大致位置，通过"信号指纹"鉴别目标性质，并引导空中战机、导弹和察打一体无人机等对导弹作战平台实施打击。导弹发射车绝大部分是重型特装车辆，编队在公路上机动会留下区别于民用车辆的明显的车辙特征，这种车辙特征在泥泞和雪地更加明显，可以轻易被机载侦察系统捕获，顺藤摸瓜就可以找到导弹发射车。因此，车辆编队中应增加消除车辙特征的配套车辆。

示假作战技术是指利用假阵地、假目标、假信号、假动作、假情报等，以假乱真，以假掩真，从而迷惑敌方，消耗敌方的侦察和打击资源。

2. 机动作战技术

机动作战技术是指导弹作战平台通过机动使得敌方难以发现、难以稳定跟踪、难以实施打击的被动防护作战技术。主要包括兵力机动、火力机动、信息机动等作战技术。

兵力机动是指导弹作战兵力通过快速、连续、大范围的机动，阻扰敌方对己方的发现、分类和定位，使敌方难以建立导弹打击的基本条件。机动是最好的生存方式。通过机动调整好空间差和时间差，可以为己方的反击作战创造条件。

持续机动对作战部队的机动力、保障力、防护力等提出了更高的标准和要求。部队的编制体制和武器装备的性能，首先应当满足兵力持续机动的要求。停下来不如动起来，动动停停不如连续地机动。在持续机动的情况下，部队可能疲劳需要休息，装备可能出现故障需要维修，造成机动的中断，从而为敌方的侦察和打击提供了可乘之机。因此，导弹发射车应当像舰艇、战略轰炸机一样，配备多名驾驶员、配置驾驶员车上休息设施；在机动编队中，应配备维修保障、油料供应等机动保障力量。

火力机动是指在进行兵力机动的同时，随时做好火力机动的准备，为反击作战提供基础。兵力机动是防御的手段，火力机动是防御的目的。通过兵力机动调动敌方，制造敌方的漏洞和己方反击的机会。

信息机动是指利用伪装的电子信号进行佯动。信息化的兵力和火力辐射大量的电子信号，这些信号会轻易地被电子侦察卫星、飞机和地面部队侦测到，这些电子信号的"指纹"特征，也会暴露目标的性质。现代的无源定位作战技术可以达到千米级，依靠电子侦察信息的引导实施导弹攻击已经成为现实。因此，利用信息机动进行佯动，对己方真实目标实行严格的电磁信号管控，是确保己方兵力火力安全的重要措施。

3. 躲藏作战技术

躲藏作战技术是指将真实的目标躲藏在自然和人为的特殊环境之中，避免被敌方发现的作战技术。主要包括利用地理的躲藏作战技术、利用气象的躲藏作战技术、利用静默的躲藏作战技术、利用民商的躲藏作战技术等。

利用地理是指利用自然的地形地貌和水系进行躲藏。比如，利用山峰进行反斜面的躲藏，利用森林进行躲藏，利用水下、地下、冰下进行躲藏等。

除了自然地理条件之外，还可利用人造地理条件进行躲藏。比如，利用坑道进行躲藏，利用掩体进行躲藏，利用涵洞、桥梁进行躲藏等。

利用气象是指利用特殊的气象条件对预警侦察系统的感知进行影响实现躲藏。比如，利用云、雾、雨、雪躲藏光学和红外侦察，利用背向太阳躲藏敌方的红外侦察，利用恶劣的天气躲藏敌方的空中侦察，利用风浪躲藏雷达的侦察等。

除利用自然气象因素外，还可以利用人为制造的烟幕、雾霾、红外和光学污染等进行躲藏。

利用静默是指实施无线电静默进行躲藏。仅靠雷达探测只能得到目标的位置，但不易发现目标的性质，在无法识别目标性质的情况下，敌方难以下定实施打击的决心，必须辅以其他的侦察手段予以验证和鉴别，这就为实施机动防御和反击创造了时机和条件。

利用民商是指将军用目标混入民用和商用目标之中进行躲藏。比如，水面舰艇混入渔船、商船的船队之中躲藏，作战飞机贴靠在客机腹下进行躲藏，集装箱式导弹发射装置和铁路导弹发射列车外形与民用完全一致，利用 AIS[①] 等民用信号掩护真实身份等。

利用敌情是指当己方目标被敌方导弹锁定后，主动混入敌方目标之中或之后进行躲藏，使得来袭的导弹有可能命中敌方自身的目标。比如，作战飞机可躲在敌侦察机、预警机、运输机等大型作战平台之中或之后，实现自身的躲藏。

---

① AIS 是指国际通行的船舶自动识别系统，在商船、渔船等上进行强制性安装。AIS 系统自动发出船名、船型等船舶静态数据，位置、航速等船舶动态数据，状态、目的地等船舶航程数据。

4. 诱扰作战技术

诱扰作战技术是指采取欺骗和干扰的手段，使来袭作战平台、导弹等失去目标。主要包括诱饵作战技术、干扰作战技术和能量作战技术等。

诱饵作战技术是指通过释放有源和无源诱饵，使来袭导弹打向错误的目标。对于协同式的来袭导弹群，目前的有源诱饵尚不能有效应对，需要发展针对多目标探测的时空相参的新型诱饵。对于来袭的智能导弹，还需要发展智能诱饵。

干扰作战技术是指对来袭导弹的导引头和其他传感器实施主动的干扰，使其感知目标和飞行状态的能力丧失和削弱，从而使来袭导弹偏离打击目标。干扰和抗干扰是一对攻防博弈的矛盾体，永远处于"道高一尺，魔高一丈"的动态发展之中。

能量作战技术是指利用激光和微波定向能武器，对来袭导弹光学和红外传感器进行致盲和致眩，使其失效或不能正常工作，从而失去目标。

5. 断滞作战技术

断滞作战技术是指阻断和迟滞敌方导弹进攻体系的 OODA 作战环闭环，形成与己方导弹防御 OODA 作战环闭环的时间差，以达到以快制慢的目的。主要包括断链作战技术和迟滞作战技术等。

断链作战技术是指阻断敌方导弹进攻体系的作战环链条，使其作战环不能闭环，从而不能形成有效的导弹攻击。主动打击敌方导弹进攻体系的关键节点、对敌方导弹进攻体系进行破网断链，是常用的断链作战技术。

迟滞作战技术是指通过采取各种有效的措施，迟滞敌方导弹进攻体系 OODA 作战环的闭环时间。常用的措施包括火力打击、网电攻击等。

6. 防护作战技术

防护作战技术是指对来袭导弹采取被动死守作战技术。主要包括主动防护作战技术和被动防护作战技术等。

主动防护作战技术是指对来袭导弹的拦截和诱扰。拦截防护作战技术等同于导弹攻击机动技术。诱扰防护作战技术等同于导弹进攻作战的诱扰作战技术。

被动防护作战技术是指对来袭导弹的防抗，主要包括目标的加固、遭袭后的快速修复作战技术。目标加固作战技术是对作战平台进行电磁脉冲加固、物理加固等。快速修复作战技术是快速恢复受损的作战平台的能力，避免连带损伤。

四、导弹防御反击作战技术

防御反击作战技术是指导弹作战体系在防御敌方进攻的同时，对敌方实施导弹进攻作战的导弹作战技术。防御反击作战技术可以加快攻防转换，实现后发制人和转被动为主动的目的。反击作战技术不是一项独立的作战技术，需要与防御作战技术紧密配合使用。防御作战技术是反击作战技术的前提，良好的防御作战技术是有效反击的保证。防御反击作战技术主要包括被动防护反击作战技术、主动拦截反击作战技术和迎头反击作战技术等。为加快反击的速度，应当在进行防御作战的同时，做好导弹反击的全部准备工作。

（一）被动防护反击作战技术

被动防护反击作战技术是指利用被动防护作战技术躲过敌方导弹攻击后即刻进行导弹反击的反击作战技术。主要包括伪装反击作战技术、机动反击作战技术、躲藏反击作战技术、诱扰反击作战技术、断滞反击作战技术和防护反击作战技术等。

1. 伪装反击作战技术

伪装反击作战技术是指利用伪装作战技术躲过敌方的导弹攻击后即刻进行导弹反击。在利用隐真伪装的情况下，导弹反击的准备工作应避免造成己方产生新的暴露特征和信号。在利用示假伪装的情况下，如果能够确认敌方的导弹飞向假目标，己方可以即刻实施导弹反击。

2. 机动反击作战技术

机动反击作战技术是指利用兵力机动作战技术躲过敌方的导弹攻击后即刻进行导弹反击。敌方一旦发射导弹，其作战平台的位置极易暴露，利用中远距离导弹飞行的时间差，以及敌方暴露的作战平台位置，己方导弹作战兵力就可以边实施机动防御作战技术，边进行导弹反击，并立即转入防御。

3. 躲藏反击作战技术

躲藏反击作战技术是指利用躲藏作战技术躲过敌方的导弹攻击后即刻进行导弹反击。实施躲藏反击，一般需要离开原来的躲藏区域，这就有可能将己方目标重新暴露，给敌方提供二次打击的机会。因此，应当在离开躲藏区之前，做好导弹反击的全部准备工作，一旦离开躲藏区，且具备了导弹发射条件，则立即实施导弹反击，并再次转入防御。

4. 诱扰反击作战技术

诱扰反击作战技术是指利用诱扰作战技术抗击敌方的导弹攻击后即刻进行

导弹反击。诱扰作战技术的一个显著特点是导弹作战平台自身往往要辐射有源干扰信号，这个信号既是对来袭导弹的干扰，也是己方目标暴露的症候。持续的干扰就会产生持续的暴露，敌方就有可能进行持续波次的导弹攻击。因此，诱扰反击需要更快的攻防转换速度，在不具备条件的情况下，不能勉强进行导弹反击，否则极易在组织导弹反击的过程中遭受新一轮的导弹打击。

5. 断滞反击作战技术

断滞反击作战技术是指利用断滞作战技术抗击敌方的导弹攻击后即刻进行导弹反击。断滞作战技术可以阻止或者延缓敌方的导弹攻击，也会造成敌方作战体系对攻击的导弹失去控制，无论哪一种情况出现，都意味着敌方导弹进攻的失败。因此，只要确认断滞行动有效，必须即刻组织导弹反击，在敌方OODA作战环闭合之前，歼灭敌方的作战目标。这是一种边断滞边反击的作战技术。

6. 防护反击作战技术

防护反击作战技术是指利用防护作战技术抗击敌方的导弹攻击后即刻进行导弹反击。采用防护作战技术进行防御，不能避免来袭导弹对己方目标的命中和毁伤，只是能够把毁伤和影响降低到最低的程度。在被命中的情况下，在组织自救并防止连带损伤的同时，应当首先检查导弹反击能否继续进行，如果导弹反击系统仍可正常使用，必须立即组织导弹反击作战，并即刻转入严密的防御。

（二）主动拦截反击作战技术

主动拦截反击作战技术是指对敌方来袭目标实施导弹拦截后，即刻组织导弹进攻作战的导弹防御反击作战技术。主动拦截反击作战技术主要包括一次反击作战技术和连续反击作战技术等。主动拦截反击作战技术主要用于作战平台一体化的导弹攻防作战。

1. 一次反击作战技术

一次反击作战技术是完成导弹防御作战之后，即刻进行一次导弹进攻作战的反击作战技术。一次反击是指发射一枚导弹、一组导弹和一个波次导弹。一次反击作战要求在进行导弹防御的同时做好导弹反击的准备，完成导弹防御即转入导弹进攻；在进行导弹反击的同时做好导弹防御的准备，完成导弹反击即转入导弹防御。这是加快导弹攻防转换、掌握导弹作战主动的根本方法。

2. 连续反击作战技术

连续反击作战技术是指完成导弹防御后，即刻组织对敌方实施连续导弹进攻作战的反击作战技术。连续反击作战的目的是通过连续的导弹进攻作战，压制和削弱敌方的导弹进攻作战能力，实现以攻助防。

（三）迎头反击作战技术

迎头反击作战技术是指在导弹攻防作战中，导弹反击作战与导弹防御作战同时进行的导弹防御反击作战技术。迎头反击作战技术有两个核心要素：一是要在防御的同时反击；二是要充分利用来袭导弹从发射到命中的时间差。从这个意义上讲，迎头反击作战技术也是一种边防御边进攻的作战技术。这里需要特别指出的是，有些防御性武器也可以同时用作进攻作战，如舰载"标准-6"防空导弹既可以拦截空中目标，又可以攻击水面舰艇，可以把进攻和防御融合成不可分割的一体。迎头反击作战技术主要包括直攻迎击作战技术、侧攻迎击作战技术等。

1. 直攻迎击作战技术

直攻迎击作战技术是指导弹向敌方的正面实施直线的反击。直线反击距离最短，速度最快，留给敌方的反应时间也最短，进攻最为高效，这也是最常用的导弹反击作战技术。弹道导弹、超声速和高超声速导弹等高速导弹往往运用这种反击作战技术。

2. 侧攻迎击作战技术

侧攻迎击作战技术是指导弹从侧面对敌方实施反击的迎头反击作战技术。这种作战技术的特点是避开敌方正面的导弹防御，从防御薄弱的侧面对敌方实施反攻，从而提高迎击的效果。

五、导弹突防作战技术

导弹突防作战技术是指进攻导弹突破敌方导弹防御拦截的作战技术。导弹防御作战中的发现、识别和拦截是导弹防御成功的三大要素，防御成功必须发现、识别和拦截同时成功，任何一个环节失效或能力降低都会使防御失效或防御能力下降。因此，从使防御失效和防御能力下降的角度出发，导弹突防作战能力可分为反发现作战能力、反识别作战能力和反拦截作战能力。根据不同导弹和导弹作战的不同运用，有效的导弹突防并不是致力于反发现、反识别、反拦截的同步提升，而是毕其功于一役，致力于提高"三反"中的"一反"。根据导弹突防作战的特点，导弹突防作战技术可分为技术突防作战技术、战术突防作战技术和体系突防作战技术。

（一）技术突防作战技术

1. 隐身突防作战技术

隐身突防作战技术是指依靠导弹的隐身性能，提高导弹的反发现能力，达成导弹突防的技术突防作战技术。根据雷达方程，导弹防御作战体系预警雷达探测发现进攻导弹的距离与进攻导弹雷达反射面积 $\sqrt{RCS}$ 成正比，导弹的 RCS 从 $1\ m^2$ 降低到 $0.01\ m^2$，预警雷达的探测距离将降低 10 倍。

2. 弹道突防作战技术

弹道突防作战技术有三个方面的含义：一是指尽可能地压低进攻导弹飞行高度，依靠地球曲率的影响，压缩地基雷达对进攻导弹的发现距离，如亚轨道导弹、滑翔导弹、高超声速巡航导弹等，就是依靠相比于弹道导弹飞行高度的降低，压缩导弹防御作战体系的发现距离和防御时间；二是指通过导弹的掠海和掠地飞行，利用海杂波、地杂波对导弹信号的淹没作用，降低空基和天基雷达对进攻导弹的发现距离，如亚声速巡航导弹掠海飞行高度可以小于 $5\ m$，使得导弹信号淹没在海杂波之中，不仅预警飞机和反导导弹难以发现，而且海杂波使反导导弹的引战配合和反导拦截变得极为困难；三是指通过导弹航迹的规划，使导弹避开敌方导弹防御作战体系的拦截范围，实现导弹的突防，如利用巡航导弹和滑翔导弹的机动飞行能力，在预知敌方防御系统部署的情况下，通过航迹规划和导弹的机动飞行，避开导弹防御作战体系的防御范围。

3. 诱饵突防作战技术

诱饵突防作战技术是指利用三种诱饵增加敌方导弹防御作战体系识别真实目标的难度，迫使敌方对未能识别出的诱饵和目标全部进行拦截，这将极大地消耗敌方反导作战资源。诱饵主要分为三种：第一种是目标诱饵，其 RCS 特性、红外特性和运动特性与真实目标相同，使得导弹防御作战体系难以识别真正的目标，目标诱饵越多，导弹防御作战体系识别的难度越大。第二种是电子诱饵，电子诱饵在真实目标周围伴飞，通过发射电子信号在导弹防御作战体系雷达中产生大量虚拟目标，造成导弹防御作战体系识别真实目标的难度增大。第三种是压制诱饵，压制诱饵在真实目标周围伴飞，对导弹防御作战体系雷达进行电磁压制和干扰，以降低导弹防御作战体系雷达的作用距离，提高导弹突防的能力。如弹道导弹突防，就是综合采用三种诱饵的诱饵突防作战技术。

4. 机动突防作战技术

机动突防作战技术是指利用进攻导弹的大过载机动能力，在探测到敌方反导拦截弹抵近的情况下，迅速实施躲避机动以避开反导导弹的拦截，如弹道导弹、滑翔导弹、高超声速导弹等，主要运用机动突防作战技术提高突防能力。

5. 反拦截突防作战技术

反拦截突防作战技术是指在进攻导弹中加装反拦截导弹动能拦截器或激光系统，以摧毁拦截导弹或致眩、致盲拦截导弹的红外探测器，如弹道导弹的反拦截突防作战技术是今后重要的发展方向。

6. 自卫干扰突防作战技术

自卫干扰突防作战技术是指在进攻导弹中加装或拖曳自卫干扰突防装置，以对敌方防御系统雷达产生欺骗和干扰，掩护进攻导弹突防的技术突防作战技术，如巡航导弹和反舰导弹常采用自卫干扰突防作战技术。

7. 智能认知干扰突防作战技术

智能认知干扰突防作战技术是指在进攻导弹中加装智能干扰装置，该装置能够在导弹飞行过程中自主感知敌方的探测雷达信号类型，自主适应导弹飞行的战场环境，自主形成最佳的干扰措施，以掩护进攻导弹突防的技术突防作战技术。智能干扰装置与智能末制导雷达一体化设计是未来的发展方向。

（二）战术突防作战技术

1. 规模突防作战技术

规模突防作战技术是指在一个作战方向上大规模发射导弹，通过攻击规划使得导弹同时抵近目标，造成导弹防御作战体系资源瞬间饱和，以提高导弹突防能力的战术突防作战技术，如反舰导弹突防作战多采用规模突防作战技术。

2. 多向突防作战技术

多向突防作战技术是指大规模发射导弹，通过攻击规划使得导弹在多个方向上同时抵近目标，造成导弹防御作战体系资源顾此失彼，以提高导弹突防能力的战术突防作战技术，如反大型水面舰艇导弹突防作战多采用多向突防作战技术。

3. 波次突防作战技术

波次突防作战技术是指在一个作战方向上对作战目标实施连续的多波次导弹进攻，以消耗敌方导弹防御作战体系的资源，迫使敌方陷入持续的防御而无力实施导弹反击作战，如空地导弹突防作战多采用波次突防作战技术。

4. 协同突防作战技术

协同突防作战技术是指一组多发协同攻击的导弹进行功能协同，有的导弹负责进行电磁压制和欺骗干扰，削弱敌方导弹防御作战体系的能力，以掩护其他导弹的进攻和打击，如对地和反舰突防作战多采用协同突防作战技术。

（三）体系突防作战技术

1. 压制突防作战技术

压制突防作战技术是指利用己方作战体系的天基、空基、海基和陆基的电磁进攻力量，对敌方反导体系的探测和指挥系统实施压制和干扰，掩护导弹进攻、提高导弹突防能力的体系突防作战技术，如对航母战斗群的打击多采用压制突防作战技术。

2. 摧毁突防作战技术

摧毁突防作战技术是指首先打击敌方导弹防御作战体系探测、指挥、发射装置等节点目标，使敌方反导体系瘫痪之后，再实施对敌方目标进行导弹攻击的体系突防作战技术，如对航母战斗群的打击多采用摧毁突防作战技术，首先打击具有反导能力的驱逐舰和巡洋舰。

3. 迟滞突防作战技术

迟滞突防作战技术是指利用己方作战体系的网电进攻能力，侵入敌方导弹防御作战体系的网络，迟滞其反导作战 OODA 作战环的闭合，制造导弹攻防作战的时间差，提高进攻导弹突防能力的体系突防作战技术。迟滞突防作战技术适用于绝大部分导弹进攻作战。

六、导弹抗干扰作战技术

导弹抗干扰作战技术是指针对雷达系统、指控系统和导弹末制导系统易受干扰的特点，在导弹攻防作战中提高雷达系统、指控系统和导弹末制导系统抗干扰能力的导弹作战技术。按照干扰作战的种类和特点，导弹抗干扰作战技术分为技术能力抗干扰作战技术、战术运用抗干扰作战技术和体系支援抗干扰作战技术。本书重点阐述导弹末制导系统的抗干扰作战技术。

（一）技术能力抗干扰作战技术

1. 体制抗干扰作战技术

体制抗干扰作战技术是指针对采取单一制导体制的导弹末制导，通过抗干扰算法的优化等软硬措施，提高其自身在空域、时域、频域和相参域的适应能力，提高导弹的抗干扰能力的导弹抗干扰作战技术。

2. 复合抗干扰作战技术

复合抗干扰作战技术是指导弹采用两种或两种以上技术体制的末制导，通过综合发挥多种体制复合的抗干扰优势，提高导弹抗干扰能力的导弹抗干扰作战技术。

3. 智能抗干扰作战技术

智能抗干扰作战技术是指导弹利用机器学习、大数据处理等人工智能技术，融合处理导弹获取的综合战场和目标信息，提高导弹在干扰环境下对目标的提取和鉴别能力的导弹抗干扰作战技术。

（二）战术运用抗干扰作战技术

1. 组合抗干扰作战技术

组合抗干扰作战技术是指发射一组具有不同末制导技术体制的导弹，对目标实施同时的打击，依靠不同体制的综合抗干扰能力，提高导弹抗干扰能力的战术运用抗干扰作战技术。

2. 饱和抗干扰作战技术

饱和抗干扰作战技术是指大规模发射导弹，对敌目标形成同时多向的攻击态势，造成敌方干扰能力分散或顾此失彼，提高导弹抗干扰能力的战术运用抗干扰作战技术。

3. 佯动抗干扰作战技术

佯动抗干扰作战技术是指在一个方向上实施导弹佯动进攻，吸引敌方干扰的主要力量，掩护主攻方向的导弹进攻，提高导弹抗干扰能力的战术运用抗干扰作战技术。

4. 协同抗干扰作战技术

协同抗干扰作战技术是指一组多发协同攻击的导弹进行不同末制导体制的功能协同，在干扰条件下，总有一种体制具有抗干扰的优势，从而引领其他导弹实施协同攻击的导弹战术运用抗干扰作战技术。

（三）体系支援抗干扰作战技术

1. 压制支援抗干扰作战技术

压制支援抗干扰作战技术是指利用己方作战体系的天基、空基、海基和陆基的电磁进攻力量，对敌方反导体系的探测和指挥系统实施压制和干扰，压缩敌方发现己方进攻导弹目标、干扰导弹末制导的空间和时间，提高导弹抗干扰能力的体系支援抗干扰作战技术，如对航母战斗群的打击多采用压制支援抗干扰作战技术。

2. 摧毁支援抗干扰作战技术

摧毁支援抗干扰作战技术是指首先打击敌方导弹防御作战体系探测、指挥、发射装置等节点目标，削弱敌方反导体系能力，或使其瘫痪，再实施对敌方目标的导弹攻击，使敌方无力及时采取有效的干扰措施，从而提高导弹抗干扰能力的体系支援抗干扰作战技术，如对航母战斗群的打击多采用摧毁支援抗干扰作战技术。

3. 迟滞支援抗干扰作战技术

迟滞支援抗干扰作战技术是指利用己方作战体系的网电进攻能力，侵入敌方导弹防御作战体系的网络，迟滞其反导作战 OODA 作战环的闭合，制造导弹攻防作战的时间差，削弱敌方防御系统的干扰能力，提高进攻导弹抗干扰能力的体系支援抗干扰作战技术。迟滞支援抗干扰作战技术适用于绝大部分导弹进攻作战。

第七章
导弹作战战术与战能

导弹作战战术是指为夺取导弹作战胜利而有目的地运用导弹作战技术的作战行动。导弹作战战能是指导弹作战部队掌握和运用导弹作战战术的能力，是作战部队整体作战能力的重要组成部分。作战技术风格往往决定着战术风格。战术的多样性取决于作战技术的全面性。战术的选用应充分考虑己方的作战技术能力和条件，进行扬长避短的选择。导弹作战战术主要包括导弹进攻作战战术、导弹防御作战战术等。

本书重点阐述导弹作战战术。

一、导弹作战战术概述

（一）概念内涵

导弹作战战术是在导弹攻防作战中为战胜对手，针对对手导弹作战体系和战术应用特征而采取的克敌制胜的作战策略，以及合理有效地运用各种导弹作战技术的原则和方法，是导弹作战能力的重要组成部分。

导弹作战战术水平主要体现在战术应变能力、战术意识、适应能力和协同能力等方面。制定导弹作战战术必须充分了解作战双方导弹作战体能、技能、战能的水平和特点，必须充分了解和掌握战场环境对作战双方导弹作战体能、技能和战能的影响，必须分析和掌握导弹作战中可能出现的各种变化和突发情况。

导弹作战是作战双方导弹作战体系攻防的博弈对抗。针对作战对手制定导弹作战战术、在导弹作战中合理地运用导弹作战战术是夺取导弹作战胜利的关键。合理地运用战术不仅可以充分发挥己方导弹作战体系的体能和技能，还可以制约和限制作战对手体能和技能的发挥。在导弹作战双方体能和技能水平总体相当的情况下，导弹作战战术及临场发挥就变得尤为重要和关键。因此，导弹作战战术能力是一项至关重要的导弹作战能力。

根据导弹作战的对抗性及攻防作战的特点，导弹作战战术可分为导弹进攻作战战术、导弹防御作战战术。

导弹作战贯穿战争的全过程、全空间和全要素，不同的战争阶段有不同的导弹作战样式，不同的战役目的使用不同的导弹力量，不同种类的导弹有不同的飞行时空特征。如果把上述所有的方面都涵盖到、考虑全、分解细，那么导弹作战的战术就会名目繁杂，不利于学习、训练和运用。如果能够把导弹作战的普遍特征和核心要素提炼出来，按照核心要素去凝练作战战术，那么导弹作战战术就会更具普适性和规律性，更能够有效地指导导弹作战运用。这一普遍特征和核心要素就是第三章所述的导弹作战制胜要素。导弹进攻作战的制胜要素是"远、快、狠、隐、抗、高"，导弹防御作战的制胜要素为"远、广、快、多、强、高"。

（二）战术构成

1. 战术观念

战术观念是指对导弹作战战术概念、战术价值及运用条件等的认知和观念。战术观念的形成与作战部队具有的实战经验、知识结构、认知特点和思维方式等有密切的关系。战术观念对作战部队进行战术思考、制定战术方案、开展战术训练等有重要的导向作用。

2. 战术指导思想

战术指导思想是指在战术观念统领下，根据导弹作战的具体情况提出的战术运用准则。它基于对战术规律的认识，体现出战术运用者的战术观点。采用的战术能否具有针对性和时效性，关键取决于战术指导思想的正确与否。

3. 战术意识

战术意识又称战术素养，是指导弹作战部队在导弹作战中决定自己战术行为的思维活动过程。具体表现在运用作战技术的目的性、战术行动的预见性、意图判断的准确性、攻防转换的平衡性、战术变化的灵活性、战术协同的默契性、战术行动的隐蔽性等方面。

4. 战术知识

战术知识是关于导弹作战理论及实践的相关知识。战术知识是掌握和运用具体战术的基础。战术方案是否合理、运用是否灵活和有效，往往取决于所掌握的战术知识的广度和深度。

5. 战术内容

战术内容是指具体的导弹作战战术，包括战术的形态和内涵。

（三）战术方案

导弹作战战术方案是进行导弹作战的依据，也是战前开展导弹作战训练的基础。制定导弹作战战术方案的核心思想是以己之长、克敌之短、抑敌之优、夺取胜利。

战术方案的基本内容包括战术任务和基本目标、确定的战术原则、实现战术目标的步骤方法及要求、对敌方战术意图和能力的预测、己方的战术行动及具体的任务分工、可能发生的意外情况及应变预案、战前的战术训练安排等。

制定战术方案需要准确掌握作战情报、正确处理战略和战术关系、充分考虑战场环境影响、合理保持战术应变弹性等。制定战术方案首先要考虑战术的针对性和时效性，其次要考虑战术的灵活性、创造性和协同性。

（四）战术创新

战术不是一成不变的。随着导弹作战体系的发展变革，随着导弹武器装备的创新发展，导弹作战战术也会丰富和发展。因此，必须高度重视导弹作战战术的创新，在战术上与敌方形成不对称的作战优势。创新是一门科学，是有固有的规律可循的。按照创新的客观规律进行战术创新，才能使得战术创新建立在科学的基础之上，创新的战术才能经得起实战的检验。

1. 原点创新

原点创新是指把需要解决的导弹作战核心问题梳理出来，作为创新的原点问题。原点创新不是在已有的战术基础上进行的改进和完善，而是另辟蹊径，从原点问题出发直接寻求战术的新途径和新方法。比如，为解决导弹作战体系发现能力不足的问题，"察打一体"的导弹作战战术就是利用导弹抵近的侦察发现能力实现的原点创新，而不是沿用过去的战术方法去提高原有的探测手段的发现能力。

2. 三环创新

三环创新是指把需要解决的导弹作战战术问题形成一个问题环，将所有的可能解决措施和方案形成一个方案环，将导弹作战基本原理和规律形成原理环，那么三个环共同交叉的三角区，就是导弹作战战术创新的立足点和出发点。

3. 减法创新

减法创新是指把原有的导弹作战战术体系的结构、内容、要素、使用条件等，进行合理的剪裁和简化，使得战术原则更加简明、战术方法更加简单、战术运用更加灵活、战术的针对性和有效性进一步提高。做减法的原理在于：一是"二八准则",要取得最后20%的作战效果,往往要投入超过80%的作战力量;二是"大道至简",事物的本质是简洁的"数学命题",符合导弹作战规律的战术,一定具有简洁明了的特性。

4. 洞见创新

洞见创新是指对已有的导弹作战战术进行创新性的组合运用,往往会取得新质作战能力。比如,将特战队员战场的实时侦察引导和导弹的攻击相结合,就可以创造出特战导弹召唤战术,其打击精度和打击效果比基于传统的目标指示作战战术更加显著。

5. 移植创新

移植创新是指将其他领域的作战战术向导弹作战战术进行移植,或者移植与导弹作战具有相似特点的竞技战术。比如,借鉴拳击运动的战术,将其转化为导弹作战的战术。

(五) 战能及其影响因素

战能是指导弹作战部队掌握和运用导弹作战战术的能力,是导弹作战能力的重要组成部分。导弹作战战能与战术观念的先进性、战术意识的配合性、战术理论的掌握性、战术运用的针对性密切相关。

1. 己与彼

"知己知彼,百战不殆"。在导弹作战中,清晰地了解己方与敌方的各种情况,准确地了解敌方作战意图、作战部署、作战方法、作战能力和作战弱点,完整地了解战场的环境和特点,是导弹作战取胜的关键所在。

2. 奇与正

"凡战者,以正合,以奇胜"。实力明显高于敌方时,以"正"为主;反之,以"奇"为主。"正"与"奇"相结合就会发挥战术无比的威力。

3. 攻与守

"攻而必取者,攻其所不守也;守而必固者,守其所不攻也。故善攻者,敌不知其所守;善守者,敌不知其所攻"。进可攻、退可守,攻防转换、进退自如,宜攻宜守、攻守合一,是导弹作战追求的理想境界。

4. 虚与实

"故兵无常势,水无常形;能因敌变化而取胜者,谓之神。"兵不厌诈、避实就虚、出其不意、攻其不备,真真假假、虚虚实实,是战术意识和战术灵活性的根本体现。

5. 得与失

导弹作战中,不以一时的得失和进退论成败,无论遇到什么样的被动和困难局面都不轻言失败，而是耐心地制造和等待敌方犯错，寻求反败为胜的战机。

6. 体与技

导弹作战的体能和技能是发挥导弹作战战术水平的重要条件。没有体能，技战术水平不可能持久；缺乏过硬的技能，战术方案不可能得到实现。因此，体能、技能和战能是层层递进、相互支撑和依赖的关系。

7. 心与思

强大的心理、坚强的意志、顽强的作风和取胜的欲望是导弹作战部队软实力的象征，是取胜的重要支柱。战术意识是一个思维过程，思维的快速性、逻辑性、直觉性、操作性和稳定性是战术意识强弱的根本标准。战术意识强，就能在错综复杂的导弹作战博弈对抗中，随机应变、应对自如。

二、导弹进攻作战战术

导弹进攻作战战术是指有目的、有针对性地运用导弹进攻作战技术，最大限度地利用己方在进攻作战技术方面的优势，突破敌方的防御，在导弹攻防对抗中占据主动地位，取得导弹进攻作战的胜利。在导弹作战中，通过进攻作战技术的灵活运用，寻找、制造和引诱敌方暴露空当，为己方的导弹进攻创造条件，这是导弹进攻作战战术的重要表现形式。从导弹进攻作战的制胜机理出发，导弹进攻作战战术应紧紧围绕"远、快、狠、隐、抗、高"的导弹进攻作战制胜要素，进行分类、设计和运用。

导弹进攻战术主要包括远打作战战术、快打作战战术、狠打作战战术、隐蔽作战战术、抗击作战战术、高效作战战术以及组合作战战术等。

（一）远打作战战术

远打作战战术是指远距离打击和拒止敌方兵力及目标的导弹进攻作战战术。根据预警侦察、指挥控制和导弹武器实现远打的方法和途径，远打作战战术可分为体系前置远打作战战术、抵近侦察远打作战战术、网络覆盖远打作战战术、预置潜伏远打作战战术等。

1. 体系前置远打作战战术

体系前置远打作战战术是指综合运用导弹进攻作战体系前置布势、立体布势作战技术，将预警侦察系统、指挥控制系统和导弹武器系统部署至作战前沿，使导弹作战体系的作战能力能够覆盖位于敌方纵深的作战目标的远打作战战术。这是一种"眼睛""大脑""拳头"均前置的远打作战战术。

体系前置远打作战战术可以充分发挥导弹进攻作战体系机动灵活部署的能力，弥补导弹作战体系远程覆盖能力的不足，实现对敌纵深目标的有效打击。体系前置需考虑隐蔽部署、加强防御、快打快撤，以提高前置的导弹作战体系的生存能力和作战有效性。

2. 抵近侦察远打作战战术

抵近侦察远打作战战术是指综合运用弹载侦察、无人机侦察等抵近发现技术，召唤远程导弹对敌纵深目标实施打击的远打作战战术。这是一种"眼睛"和"大脑"抵近、"长拳"在后的远打作战战术。

抵近侦察远打作战战术可以充分发挥弹载侦察和无人机侦察等抵近侦察的优势，弥补预警侦察和指挥控制覆盖能力的不足；充分发挥远程导弹的打击能力，依靠抵近侦察进行目标指示和引导控制。抵近侦察远打作战战术需要考虑无人侦察的可信性、无人侦察与远程打击结合的协同性。

3. 网络覆盖远打作战战术

网络覆盖远打作战战术是指综合运用导弹进攻作战体系预警侦察系统和指挥控制系统的远程体能优势，将导弹武器系统进行前置部署至作战前沿，对敌纵深目标实施远程打击的远打作战战术。这是一种"大脑"和"眼睛"在后，"中拳"在前的远打作战战术。例如，"捕食者"无人机就是采用网络覆盖远打作战战术的导弹进攻作战系统。

网络覆盖远打作战战术可以充分发挥"眼睛"和"大脑"的远程体能优势，发挥导弹武器系统前沿部署的"中拳"优势，实现信息力与火力的有机结合，弥补导弹射程能力的不足。网络覆盖远打作战战术需要考虑前置导弹武器系统的隐蔽前置部署和"打一枪换一个地方"的作战运用。

4. 预置潜伏远打作战战术

预置潜伏远打作战战术是指综合运用导弹进攻作战体系预警侦察系统和指挥控制系统的远程体能优势，远程预置导弹武器系统在打击目标附近进行潜伏，通过预警侦察系统远程发现敌情和目标、指挥控制系统远程唤醒和指示潜伏的导弹武器系统，使导弹武器系统近距离对敌目标实施打击的远打作战战术。这是一种"大脑"和"眼睛"在后，"短拳"在前的远打作战战术。例如，"海德拉"水下预置打击系统就是采用预置潜伏远打作战战术的典型导弹进攻作战系统。

预置潜伏远打作战战术可以充分发挥"眼睛"和"大脑"的体能优势，发挥预置潜伏的"短拳"近距离突然打击的优势，使敌不可预测、难以防范。预置潜伏远打作战战术需要考虑隐蔽的预置潜伏、可靠的唤醒指示、自主的导弹攻击。

（二）快打作战战术

快打作战战术是指对敌作战目标实施快速打击的导弹进攻作战战术。根据导弹进攻作战体系 OODA 作战环闭环时间的影响因素，快打作战战术可分为体系敏捷快打作战战术、导弹待机快打作战战术、先发后瞄快打作战战术、智能打击快打作战战术、直接交联快打作战战术等。

1. 体系敏捷快打作战战术

体系敏捷快打作战战术是指综合运用导弹进攻作战体系预警侦察系统、指挥控制系统和导弹武器系统快速发现、快速决策、快速打击的体能优势，实现对敌作战目标快速打击的快打作战战术。这是一种"眼疾手快"式的快打作战战术。例如，高超声速巡航导弹就是采用体系敏捷快打作战战术的典型作战系统。

体系敏捷快打作战战术可以充分发挥导弹进攻作战体系的速度素质体能优势，实现对时敏目标的发现即摧毁。体系敏捷快打作战战术需要考虑目标的时敏性与导弹作战体系快打作战战术运用的时间匹配性。不能仅靠提高导弹飞行速度来缩短 OODA 作战环闭环时间，还要压缩 OODA 作战环各个环节的时间。即使是再快的导弹飞行速度，如果导弹射程过远，飞行时间也会加长，对时敏目标的发现即摧毁能力也会下降。

2. 导弹待机快打作战战术

导弹待机快打作战战术是指充分运用导弹进攻作战体系"眼疾脑快"的体能优势，充分发挥亚声速巡航导弹长时间滞空飞行的体能优势，将亚声速巡航导弹发射至目标区附近的待机区域盘旋待机，一旦接到目标指示和打击命令，待机的亚声速巡航导弹即可快速对目标实施打击的快打作战战术。例如，巡飞弹就是采用导弹待机快打作战战术的作战系统，只不过巡飞弹可以在控制区自主发现目标并实施打击。

导弹待机快打作战战术可以充分发挥亚声速巡航导弹长时间空中待机的优势，虽然是亚声速飞行，但是从待机区到攻击区距离更近、时间更短，同样可以实现快速打击，实现对时敏目标的发现即摧毁。导弹待机快打作战战术需要考虑待机区的隐蔽飞行以及与目标区的恰当距离。

3. 先发后瞄快打作战战术

先发后瞄快打作战战术是指改变导弹发射流程，将传统的"准备—瞄准—发射"流程改变为"准备—发射—瞄准"，导弹发射前只提供态势级的目标信息，导弹的瞄准和目标指示在飞行过程中由数据链传达，以降低导弹发射的要求、缩短发射准备时间、提高导弹作战灵活性的快打作战战术。

先发后瞄快打作战战术可以充分发挥"让导弹飞一会儿"的时间差优势，将导弹瞄准从一个发射的条件改变为一个不断修正弹目差距的过程，使得导弹的发射更加灵活快速，导弹的快速作战能力显著提升。先发后瞄快打作战战术需要考虑在己方占据制信息权优势的飞行航区内完成导弹瞄准信息的传递，否则信息的传递将会变得不可靠。

4. 智能打击快打作战战术

智能打击快打作战战术是指将由人在回路的 OODA 作战环改变为由人工智能自主的 OODA 作战环，将有人干预的导弹进攻作战过程变为自主智能打击过程，以缩减导弹进攻作战 OODA 作战环闭环时间的快打作战战术。

智能打击快打作战战术可以充分发挥人工智能的作用，通过机器学习和作战实践，不断提高导弹进攻作战体系的智能化水平，更好地夺取导弹攻防作战的时间差。智能打击快打作战战术需要考虑在作战初期体系智能化水平的不足，以及敌方利用"数据诱饵"改变战场数据致使体系智能错误地学习和选择。

5. 直接交联快打作战战术

直接交联快打作战战术是指将预警探测装备获得的敌情和目标信息直接传递给进攻导弹，实现发现和打击的直接交联，跨越目标跟踪、瞄准、决策等打击链条，缩减 OODA 作战环闭环时间的快打作战战术。

直接交联快打作战战术可以充分发挥传感器在一段时间内连续发现和传递目标信息的体能和技能，使得进攻导弹不断修正目标的位置，直至导弹捕获目标。直接交联快打作战战术需要考虑在传感器只能提供态势级目标信息的情况下，确保导弹捕获目标。

（三）狠打作战战术

狠打作战战术是指导弹进攻作战体系能够精准猛烈地对多目标实施同时打击，对核心目标实施集火打击，对反复出现的目标实施连续打击的导弹进攻作战战术。根据"打得准"与"打得猛"的相互关系，狠打作战战术主要分为高效打击多目标狠打作战战术、连续打击多目标狠打作战战术、高效打击核心目标狠打作战战术、连续打击核心目标狠打作战战术、打击要素协同配合狠打作战战术等。

1. 高效打击多目标狠打作战战术

高效打击多目标狠打作战战术是指综合运用导弹作战体系预警侦察系统对战场态势精准的发现技术，以及根据战场态势做出正确判断的决策技术，形成多目标分布态势和导弹打击方案，依靠导弹的打击精度和威力，对多个作战目标同时实施毁瘫打击和失能打击的狠打作战战术。需要同时实施打击的作战目标主要包括网络化的防空系统和通信枢纽等。

高效打击多目标狠打作战战术可以充分发挥导弹作战体系"慧眼"和"千手"的优势，对敌作战体系诸多节点目标实施同时打击，取得体系破袭作战的高效和彻底。高效打击多目标狠打作战战术需要考虑同时打击敌作战目标的数量和顺序。

2. 连续打击多目标狠打作战战术

连续打击多目标狠打作战战术是指综合运用导弹作战体系预警侦察系统对战场态势精准的发现技术，以及根据战场态势做出正确判断的决策技术，形成多目标分布态势和导弹打击方案，依靠导弹的连续打击能力和火力密度，对多个作战目标连续实施毁瘫打击和失能打击的狠打作战战术。需要连续打击的作战目标主要包括能够修复的机场跑道和水面舰艇，能够反复出现的机动指挥所和导弹发射车等。

连续打击多目标狠打作战战术可以充分发挥导弹作战体系"慧眼"和"组合拳"的优势，对敌作战体系诸多节点目标实施连续打击，取得体系破袭作战的高效和持续。连续打击多目标狠打作战战术需要考虑连续打击敌作战目标的数量、顺序和波次。

3. 高效打击核心目标狠打作战战术

高效打击核心目标狠打作战战术是指综合运用导弹作战体系预警侦察系统对战场态势精准的发现技术，以及根据战场态势做出正确判断的决策技术，发现敌核心目标，依靠导弹的精度和威力，对核心目标实施"点穴式"打击的狠打作战战术。需要实施"点穴式"打击的核心目标主要包括指挥中心、弹药库、水面舰艇的四面阵雷达等。

高效打击核心目标狠打作战战术可以充分发挥导弹作战体系"慧眼"和"刺拳"的优势，对敌作战体系核心目标实施精准打击，取得体系破袭作战"四两破千斤"的效果。高效打击核心目标狠打作战战术需要考虑连续打击敌核心目标的手段和方法。

4. 连续打击核心目标狠打作战战术

连续打击核心目标狠打作战战术是指综合运用导弹作战体系预警侦察系统对战场态势精准的发现技术，以及根据战场态势做出正确判断的决策技术，发现敌核心目标，依靠导弹的连续打击能力和火力密度，对核心目标实施"组合拳"打击的狠打作战战术。需要实施"组合拳"打击的核心目标主要包括重要的战争潜力目标等。

连续打击核心目标狠打作战战术可以充分发挥导弹作战体系"慧眼"和

"组合拳"的优势，对敌作战体系核心目标实施连续打击，取得持续打击敌核心目标、持续压制敌作战体系"七寸"的效果。连续打击核心目标狠打作战战术需要考虑连续打击敌核心目标的手段和方法。

5. 打击要素协同配合狠打作战战术

打击要素协同配合狠打作战战术是指将导弹进攻作战体系的各要素有机高效地进行协同配合，将信息力、机动力、指控力聚焦于导弹火力之上，对敌作战目标实施"重拳"打击的狠打作战战术。需要实施"重拳"打击的作战目标主要有航母、预警机、攻击型核潜艇、指控中心目标等。

打击要素协同配合狠打作战战术可以充分发挥导弹进攻作战体系各要素的协同优势，对敌作战目标实施"重拳"打击，将信息力、机动力、指控力和导弹火力指向需要重击的作战目标，"毕其功于一役"，彻底毁瘫敌作战目标。打击要素协同配合狠打作战战术需要考虑导弹攻击的主要方向和次要方向的兼顾。

（四）隐蔽作战战术

隐蔽作战战术是指隐蔽地对敌作战目标实施导弹打击的导弹进攻作战战术。隐蔽作战战术按照隐蔽的目的和手段的关系，可分为虚实结合隐蔽作战战术、发射特征隐蔽作战战术、航迹规划隐蔽作战战术、导弹特征隐蔽作战战术等。

1. 虚实结合隐蔽作战战术

虚实结合隐蔽作战战术主要包括两个方面：一是指通过导弹佯攻，隐蔽己方真实的导弹进攻作战意图，造成敌方误判，使其将主要的防御力量投射到错误的方向上，从而极大地削弱敌导弹防御作战体系对己方进攻导弹威胁的隐蔽作战战术。这是一种"调虎离山""声东击西"的导弹进攻隐蔽作战战术。二是指通过导弹试探性进攻，暴露敌方防御的作战行动及其特点和漏洞，然后己方导弹进攻力量集中打击敌防御体系漏洞的隐蔽作战战术。这是一种"打草惊蛇""趁虚而入"的导弹进攻隐蔽作战战术。

虚实结合隐蔽作战战术可以充分发挥多个方向、多种导弹的导弹进攻作战力量的协同优势，充分发挥导弹进攻联合作战优势，出其不意地对敌实施导弹进攻作战。虚实结合隐蔽作战战术需要考虑敌方的"将计就计"和战术改变。

2. 发射特征隐蔽作战战术

发射特征隐蔽作战战术是指通过隐藏和削弱导弹发射的作战平台特征、电磁信号特征、发动机尾焰特征、噪声特征等，避免和延缓触发敌方导弹防御体系的预警，提高导弹发射作战平台生存能力的隐蔽作战战术。这是一种"销声匿迹""金蝉脱壳"的导弹进攻隐蔽作战战术。

发射特征隐蔽作战战术可以减少导弹发射症候，降低敌早期发现的概率，压缩敌导弹防御体系的反应时间，提高己方导弹进攻作战的有效性。发射特征隐蔽作战战术需要考虑隐真和示假的有机结合。

3. 航迹规划隐蔽作战战术

航迹规划隐蔽作战战术是指通过合理的航迹规划，使进攻导弹避开敌方导弹防御体系的探测和拦截的隐蔽作战战术。这是一种"瞒天过海""神出鬼没"的导弹进攻隐蔽作战战术。例如，亚声速巡航导弹主要采用航迹规划隐蔽作战战术。

航迹规划隐蔽作战战术可以充分发挥导弹机动飞行的优势，通过预知敌方的导弹防御系统部署情况和导弹自主感知防御威胁、自主进行航迹规划，实现导弹的隐蔽打击。航迹规划隐蔽作战战术需要考虑战前获取准确的敌方部署侦察和情报，以及导弹自主感知威胁和规划航迹的可信性。

4. 导弹特征隐蔽作战战术

导弹特征隐蔽作战战术是指通过降低进攻导弹的 RCS 特征、红外特征、运动特征，综合运用导弹突防作战技术，提高导弹隐蔽突防能力的隐蔽作战战术。这是一种"无影无踪""神龙见首不见尾"的导弹进攻隐蔽作战战术。例如，弹道导弹和巡航导弹主要采用导弹特征隐蔽作战战术提高导弹的突防能力。

导弹特征隐蔽作战战术可以充分发挥导弹的隐身能力，压缩敌方导弹防御系统的发现距离，削弱敌方导弹防御系统预判导弹飞行状态的能力，提高导弹的突防能力。导弹特征隐蔽作战战术需要考虑敌方防御系统对于隐身目标的发现能力。

（五）抗击作战战术

抗击作战战术是指导弹进攻作战中提高突防能力和抗干扰能力的导弹进攻作战战术。根据技术、战术和体系突防、抗干扰的手段样式，抗击作战战术可分为技术抗击作战战术、战技抗击作战战术、战术抗击作战战术、体系抗击作战战术等。

1. 技术抗击作战战术

技术抗击作战战术是指综合运用进攻导弹突防作战技术和抗干扰作战技术，依靠导弹自身体能，实现导弹的突防和抗干扰的抗击作战战术。这是一种"千里走单骑"式的导弹进攻抗击作战战术。例如，弹道导弹、滑翔导弹和高超声速巡航导弹主要采用技术抗击作战战术。

技术抗击作战战术可以充分发挥导弹自身的强突防能力和强抗干扰能力，依靠自身的体能与敌方导弹防御体系进行对抗。实战中，经常使用多发齐射的方式使敌方导弹防御体系饱和。技术抗击作战战术需要考虑全能型导弹的成本。

2. 战技抗击作战战术

战技抗击作战战术是指综合运用进攻导弹战术突防作战技术和技术抗干扰作战技术，实现战术突、技术抗的抗击作战战术。这是一种"特战分队"式的导弹进攻抗击作战战术。例如，巡航导弹、反舰导弹主要采用战技抗击作战战术。

战技抗击作战战术可以充分发挥导弹战术突防和导弹自身抗干扰能力的优势，通过战术和技术的有机结合，既可造成敌导弹防御体系的"招架不住"，又可"拨开战争迷雾"，实现对目标的精准打击。战技抗击作战战术需要考虑敌方导弹防御系统的能力和全方位持续实施干扰作战的能力。

3. 战术抗击作战战术

战术抗击作战战术是指综合运用进攻导弹战术突防作战技术和战术抗干扰作战技术，依靠导弹的战术运用，弥补导弹自身突防和抗干扰能力的不足，实现强突防和强抗干扰能力的抗击作战战术。这是一种"狼群狩猎"式的导弹进攻抗击作战战术。例如，反舰导弹作战主要采用战术抗击作战战术。

战术抗击作战战术可以充分发挥多方向部署、多种类导弹、多发齐射能力的导弹联合作战力量优势，以饱和对方导弹防御体系的探测、拦截、干扰通道为主要目的，实现对敌方作战目标的可靠打击。战术抗击作战战术需要考虑敌方导弹防御系统的能力和全方位持续实施干扰作战的能力。

4. 体系抗击作战战术

体系抗击作战战术是指综合运用进攻导弹体系突防作战技术和体系抗干扰作战技术，依靠导弹作战体系的整体优势，弥补导弹突防和抗干扰的技术战术能力的不足，实现强突防和强抗干扰能力的抗击作战战术。这是一种体系对抗式的导弹进攻抗击作战战术。例如，海上编队作战、打击防空系统作战主要采用体系抗击作战战术。

体系抗击作战战术可以充分发挥导弹作战体系优势，以破袭和削弱敌方导弹防御体系为目的，实现对敌方作战目标的可靠打击。体系抗击作战战术需要考虑敌方导弹防御体系的能力。

（六）高效作战战术

高效作战战术是指导弹进攻作战体系以最快的速度、最小的代价实现对敌作战目标最有效打击的导弹进攻作战战术。按导弹作战高效样式的不同，高效作战战术可分为协同作战战术、召唤作战战术、交联作战战术、定制毁伤作战战术、体系作战战术、智能作战战术等。

1. 协同作战战术

协同作战战术是指在态势级信息和任务规划的支援下，协同攻击的导弹形成具有发现、跟踪、调整、决策、打击和评估能力的导弹进攻系统，该系统根据规划的航迹，绕开敌导弹防御系统进行隐蔽攻击，根据自主感知的拦截威胁自主形成最佳突防策略，根据敌方的干扰类型自主切换抗干扰能力强的导弹作为领弹，利用协同探测发现和打击敌方作战目标的高效作战战术。这是一种"团队作战"的导弹进攻高效作战战术。例如，弹道导弹和巡航导弹主要采用协同作战战术。

协同作战战术可以充分发挥导弹协同作战的团队优势，在导弹作战体系的支撑下，既可抵近侦察发现，又可协同突防和抗干扰，形成机动前出的导弹进攻作战子体系，可以实现"发射后不管"，降低对导弹作战体系的依赖，在强对抗环境下自主高效地作战。协同作战战术需要考虑相同弹种和不同弹种的导弹协同方法。

2. 召唤作战战术

召唤作战战术是指利用抵近和前置的侦察发现，召唤和引导导弹对目标实施打击的高效作战战术。这是一种"飞蛾扑火"式的导弹进攻高效作战战术，"火"就是召唤和引导的目标指示。例如，弹道导弹等高速导弹打击临机出现的目标主要采用召唤作战战术。

召唤作战战术可以充分发挥特战队员、弹载侦察和无人机侦察的抵近精准实时发现和识别目标的优势，实现导弹坐标攻击与末制导交接班，进一步降低对体系的依赖，极大地简化导弹作战流程，实现导弹高效进攻打击。召唤作战战术需要考虑召唤信息的可靠传递。

3. 交联作战战术

交联作战战术是指导弹作战平台依据导弹作战体系预警侦察装备提供的目标信息发射导弹，在导弹飞行过程中，预警侦察装备不断地将实时更新的目标信息直接传递给导弹，引导导弹截获并攻击目标的一体化高效作战战术，包括星导一体、机导一体、地导一体、舰导一体、导导一体等。这是一种"穿越引导"的导弹进攻高效作战战术。例如，反大型水面舰艇导弹作战主要采用交联作战战术。

交联作战战术可以充分发挥预警侦察系统发现作战技术和导弹机动飞行能力的优势，实现传感器与"射手"的直接交联，压缩作战流程和OODA作战环的闭环时间，实现高效的导弹进攻作战。交联作战战术需要考虑传感器信息的不断更新，以及与"射手"之间信息的可靠传递。

4. 定制毁伤作战战术

定制毁伤作战战术是指利用导弹末制导的高分辨的目标成像能力，选择目标的打击部位，采用小当量战斗部，摧毁目标的关键功能和能力（如"宙斯盾"作战系统的四面阵雷达），致使敌作战平台目标失去关键能力而退出作战序列，达成导弹进攻作战目的的高效作战战术。这是一种"打七寸"的导弹进攻高效作战战术。例如，"失基式""失性式""失能式""失联式"打击主要采用定制毁伤作战战术。

定制毁伤作战战术可以充分发挥导弹目标打击区域选择能力和定制毁伤能力，摆脱命中目标打击、动能毁伤和威力毁伤的传统导弹打击样式，从实战的角度重新定义了定制毁伤作战的意义和样式。定制毁伤作战战术需要考虑对目标的定制毁伤特性的充分了解。

5. 体系作战战术

体系作战战术是指依靠导弹进攻作战体系各作战要素的整体优势，将网电战、信息战、导弹战有机地结合起来，扬长避短、克敌制胜，以体系的优势夺取导弹进攻作战空间差和时间差的高效作战战术。这是一种体系对抗的导弹进攻高效作战战术。例如，海上编队作战、两栖登陆作战主要采用体系作战战术。

体系作战战术可以充分发挥体系的整体体能和技能，利用体系的长板弥补导弹作战的短板，以阻断和迟滞敌方导弹防御体系作战环闭合为目的，实现导弹进攻作战的高效打击。体系作战战术需要考虑寻找敌方导弹防御体系的漏洞和薄弱环节。

6. 智能作战战术

智能作战战术是指智能化的导弹进攻作战体系依靠态势级信息发射导弹，导弹在飞行至对抗区时，自主感知威胁、规划航迹，自主发现、跟踪、识别和打击目标，自主选择攻击目标的方向、高度和打击区域的高效作战战术。这是一种"独狼"式的导弹进攻高效作战战术。例如，智能导弹反舰作战主要采用智能作战战术。

智能作战战术可以充分发挥导弹自主智能的优势，利用导弹综合传感器获取战场态势和目标信息，并对这些信息进行大数据的融合处理，形成自主的航迹规划、隐蔽突防、抗干扰和目标选择性打击方案，一发智能弹可以形成一个导弹进攻作战的微体系。智能作战战术需要考虑反智能的"数据诱饵"威胁。

以上六种高效打击作战战术是高效作战战术的典型样式，但并非所有样式。随着技术和装备能力的提升，高效的作战样式还会不断涌现。

（七）组合作战战术

组合作战战术是指将远打作战战术、快打作战战术、狠打作战战术、隐蔽作战战术、抗击作战战术等进行有效合理地组合以进一步提高导弹进攻作战能力的导弹进攻作战战术。按照制胜要素相互增强的关系，组合战术包括远快组合战术、远狠组合战术、快狠组合战术、快隐组合战术、快抗组合战术等。

1. 远快组合战术

远快组合战术是指远打作战战术与快打作战战术组合运用。远和快实际是一对矛盾，难以进行战术组合。只有两种情况可以实现远快的组合打击：一种情况是，由于远打战术中体系前置远打作战战术和预置潜伏远打作战战术具有近打的特征，因此，远快组合战术特指导弹前置和潜伏预置与快打的组合。另一种情况是高速导弹的远程打击。

从空间维度看，只有尽可能地缩短导弹攻击的距离，才能实现快速打击，因此导弹必须前置和潜伏预置。从时间维度看，只有压缩OODA作战环闭环时间，提高导弹飞行速度，才能实现快打和远打的结合。

因此，对弹道导弹、滑翔导弹和高超声速巡航导弹而言，远快是本能的组合，但有一个前提，就是体系OODA闭环时间应能够满足打击时敏目标的要求，闭环时间超过一定的限度，时敏目标将逃之夭夭，远和快要恰好地配合；对亚声速导弹而言，只有前置潜伏的近距打击才能实现远快的组合。

2. 远狠组合战术

远狠组合战术是指远打作战战术与狠打作战战术组合运用。由于弹道导弹和亚声速巡航导弹都有射程远、载荷大的特点，可以实现远狠组合。

对弹道导弹而言，远狠组合战术适用于打击固定目标和时敏目标。

对亚声速巡航导弹而言，远狠组合战术只适用于打击固定目标。

3. 快狠组合战术

快狠组合战术是指快打作战战术与狠打作战战术组合运用，是体系快、导弹快与打得准、打得猛的合理组合。

对网络化的进攻导弹作战体系而言，由于体系OODA作战环更快、覆盖范围更广，可以对导弹实施接力制导和引导，对导弹的初、中制导的精度更高，可以支撑弹道导弹、滑翔导弹和高超声速巡航导弹对固定目标打得准，可以支撑前置和潜伏的亚声速导弹打得快，也可以支撑反舰导弹在接力制导的情况下对机动目标和时敏目标的打击。

对高速导弹而言，快和狠的结合可以实现有机的统一。因此，快狠组合战术适用于高速导弹打击各类目标。

综上,快狠组合战术适用于以下 4 种导弹进攻作战:高速导弹的进攻作战,网络化体系下高速导弹打击固定目标,网络化体系下的反舰导弹作战,前置和潜伏布势的亚声速导弹作战。

4. 快隐组合战术

快隐组合战术是指快打作战战术与隐蔽作战战术组合运用,快和隐既有相互促进的作用,也有相互制约的影响。导弹作战体系反应快,就可以夺得导弹攻防作战的时间差优势,压缩敌方导弹防御系统的反应时间,夺取导弹进攻作战的主动,从这个意义上讲,快和隐是相辅相成的。导弹飞行速度快,就会使导弹目标和运动特征更加显著,雷达和红外反射面积更大,更加容易被探测和发现,从这个意义上讲,快和隐是一对矛盾。因此,快和隐的组合必须扬长避短、强强组合。

对亚声速巡航导弹而言,隐身和机动隐蔽是其固有能力,在导弹前置、潜伏和待机作战状态下,可以实现快速打击。这是一种快隐组合战术。

对于超声速/高超声速巡航导弹而言,飞行速度快、目标不隐身和机动不隐蔽是其固有特性。在一定的射程范围内,即使目标不隐身、机动不隐蔽,但由于总的飞行时间短,使敌方导弹防御系统来不及实施导弹防御作战,这就在某种意义上实现了快与隐的组合。高超声速巡航导弹以 $Ma\ 6$ 飞行速度打击 1 000 km 外的目标仅需 10 min,如果打击 3 000 km 外的目标,时间就需 30 min,敌方的防御就有了充足的时间。这是第二种快隐组合战术。

对于弹道导弹而言,飞行速度快、目标特性隐是其固有能力,但飞行弹道固定给导弹防御创造了条件。从一般意义上来讲,弹道导弹作战本身就是一种快隐组合战术。这是第三种快隐组合战术。

对亚轨道导弹、滑翔导弹而言,其快隐结合介于弹道导弹和高超声速巡航导弹之间。这是第四种快隐组合战术。

5. 快抗组合战术

快抗组合战术是指快打作战战术与抗击作战战术组合运用,是导弹快打、交联快打与突防能力强、抗干扰能力强的合理组合。快与抗具有固有的相辅相成特征。导弹飞行越快,给敌方导弹防御系统留下的反应时间就越短;交联快打覆盖得越远,进攻导弹对末制导的依赖就越低,抗干扰能力就越强。

因此,弹道导弹、亚轨道导弹、滑翔导弹和高超声速巡航导弹等高速导弹的作战运用本身就是快抗的合理组合。这是一种快抗组合战术。

对亚声速巡航导弹而言,采用交联快打战术、预置潜伏和待机作战技术,也可以实现快抗的有机组合。这是第二种快抗组合战术。

三、导弹防御作战战术

导弹防御作战战术是指有目的、有针对性地运用防御作战技术,是在导弹作战中为了更有效地阻扰和防御敌方进攻而组织实施的导弹作战战术。有效的防御战术具有三重意义:一是提升敌方进攻的代价;二是消耗敌方进攻的资源;三是使己方免受导弹打击。

导弹防御作战是指对敌方向己方实施进攻作战的空中/临近空间作战平台、各种导弹实施导弹拦截。导弹防御作战实施的是防御性的作战任务。但对于拦截导弹而言打击的是空中作战平台和导弹,其本质仍是进攻性作战。因此,虽然是防御性的作战任务,导弹防御作战仍具有导弹进攻作战的特点,只不过打击的目标和打击目标的样式有所不同。导弹进攻作战技术和战术,在某种程度上同样适用于导弹防御作战技术和战术。

从导弹防御作战的制胜机理出发,导弹防御作战战术应紧紧围绕"远、广、快、多、强、高"的导弹防御作战制胜要素进行分类、设计和运用。

导弹防御作战战术主要包括远拦作战战术、广拦作战战术、快拦作战战术、多拦作战战术、强拦作战战术、高效作战战术、组合作战战术以及被动防护作战战术等。

(一)远拦作战战术

远拦作战战术是指远距离拦截敌方进攻的空中/临近空间作战平台,以及各类进攻性导弹的导弹防御作战战术。根据导弹防御体系布势及作战样式的不同,远拦作战战术可分为体系前置远拦作战战术、网络覆盖远拦作战战术、无人预置远拦作战战术、领弹协同远拦作战战术等。

1. 体系前置远拦作战战术

体系前置远拦作战战术是指综合运用导弹防御作战体系前置布势、立体布势作战技术,将导弹防御系统的预警侦察系统、指挥控制系统和导弹武器系统部署至作战前沿,使导弹防御作战体系的能力能够对敌方进攻的作战目标实施尽远拦截的远拦作战战术。这是一种"眼睛""大脑""手掌"均前置的远拦作战战术。

体系前置远拦作战战术可以充分发挥导弹防御作战体系灵活机动、前置部署的能力,可以弥补导弹防御作战体系远程拦截能力的不足,对敌进攻目标实施有效的尽远拦截。体系前置需考虑隐蔽部署、快打快撤,以提高前置的导弹防御作战体系的生存能力和作战有效性。

2. 网络覆盖远拦作战战术

网络覆盖远拦作战战术是指综合运用导弹防御作战体系预警探测系统和指挥控制系统的远程体能优势，将拦截导弹武器系统前置部署至作战前沿，对敌进攻的作战目标实施尽远拦截的远拦作战战术。这是一种"大脑"和"眼睛"在后、"手掌"在前的远拦作战战术。

网络覆盖远拦作战战术可以充分发挥"眼睛"和"大脑"的远程体能优势，发挥拦截导弹武器系统前沿部署的"前掌"优势，实现信息力与火力的有机结合，弥补拦截导弹射程能力的不足。网络覆盖远拦作战战术需要考虑前置拦截导弹武器系统的隐蔽前置部署和机动部署的作战运用。

3. 无人预置远拦作战战术

无人预置远拦作战战术是指综合运用无人无源预置式导弹防御作战系统的无人值守、无源探测、势导式拦截的导弹防御作战技术，依靠导弹防御作战体系提供的敌方进攻目标态势，发挥无人无源预置式导弹防御作战系统向敌进攻方向更加前伸的部署优势，对敌进攻的作战目标实施尽远拦截的远拦作战战术。这是一种"眼睛"和"大脑"在后、"手掌"在最前沿的远拦作战战术。

无人预置远拦作战战术可以充分发挥无源系统的隐蔽部署和作战能力，构建敌突防作战的陷阱；可以充分发挥无人部署的特点，将拦截导弹系统部署在最前沿、无人区，以对敌进攻作战目标实施隐蔽突然的尽远拦截。无人预置远拦作战战术需要考虑势导式拦截作战精度链闭合、无人系统长期野战部署以及作战的可靠性和可信性。

4. 领弹协同远拦作战战术

领弹协同远拦作战战术是指综合运用导弹防御作战体系与实施协同拦截的导弹组群的相关作战技术，协同拦截的导弹组群在导弹防御作战体系的指示和引导下抵近敌方进攻作战目标，利用领弹远距离探测跟踪目标的能力，指挥或召唤其他拦截导弹对敌方作战目标实施"多对多""多对一"的尽远拦截的远拦作战战术。这是一种"长掌"率领"短掌"的协同远拦作战战术。

领弹协同远拦作战战术可以充分发挥导弹防御作战体系和领弹的远程覆盖体能优势，发挥前置部署的"短掌"近距离突然拦截的优势，使敌不可预测、难以防范。领弹协同远拦作战战术需要考虑体系、领弹和拦截弹协同作战的指挥控制和信息交互。

（二）广拦作战战术

广拦作战战术是指导弹防御作战体系对敌进攻作战目标的拦截，能够覆盖从低界到高界、从近界到远界的更广域杀伤区的导弹防御作战战术。根据导弹防御体系布势及作战样式的不同，广拦作战战术可分为梯次布势广拦作战战术、网络布势广拦作战战术、单元体能广拦作战战术等。

1. 梯次布势广拦作战战术

梯次布势广拦作战战术是指导弹防御作战体系的各作战要素进行梯次布势和运用的广拦作战战术。这是一种依靠团队优势实现广域拦截的广拦作战战术。例如，区域性防御作战一般采用梯次布势广拦作战战术。

梯次布势广拦作战战术可以充分发挥不同体能的拦截导弹系统混合部署的综合优势，通过在作战区域前沿和纵深的梯次和搭配部署，实现导弹防御作战体系远中近、高中低的广域拦截能力。梯次布势广拦作战战术需要考虑导弹防御作战体系的梯次布势和火力运用。

2. 网络布势广拦作战战术

网络布势广拦作战战术是指将导弹防御作战体系的各作战要素进行网络化布势和运用的广拦作战战术。这是一种网络化混合部署的广拦作战战术。

网络布势广拦作战战术可以充分发挥各种不同作战平台、各种不同体能的导弹防御武器系统在网络化布势条件下杀伤区相互衔接和覆盖的优势，各司其职、各尽所能，在网络化布势的覆盖范围内实现体系的广域杀伤区。网络布势广拦作战战术需要考虑导弹防御作战体系的网络化布势和作战运用。

3. 单元体能广拦作战战术

单元体能广拦作战战术是指利用一个防御作战单元内混装具有不同射程的拦截导弹，实现广域拦截的广拦作战战术。这是一种"组合掌"式的广拦作战战术。例如，水面舰艇防御一般采用单元体能广拦作战战术。

单元体能广拦作战战术可以充分发挥混装导弹的组合优势，远界由远程拦截导弹实施拦截，近界由近程拦截导弹实施拦截，作战效益更高，作战部署和运用更加灵活，拦截导弹的技术难度和打击成本相应降低。这是导弹防御作战单元重要的发展趋势。单元体能广拦作战战术需要考虑作战单元对不同性能导弹的适应性，以及作战系统运用拦截导弹的策略。

（三）快拦作战战术

快拦作战战术是指对敌进攻作战目标实施快速拦截的导弹防御作战战术。根据导弹防御作战体系 OODA 作战环闭环时间的影响因素，快拦作战战术可分为体系敏捷快拦作战战术、导弹待机快拦作战战术、先发后瞄快拦作战战术、智能拦截快拦作战战术、直接交联快拦作战战术等。

1. 体系敏捷快拦作战战术

体系敏捷快拦作战战术是指综合运用导弹防御作战体系预警探测系统、指挥控制系统和拦截导弹武器系统快速发现、快速决策、快速拦截的体能优势，实现对敌进攻作战目标快速拦截的快拦作战战术。这是一种体系"眼疾手快"式的快拦作战战术。这是对导弹防御体系基本的作战要求。

体系敏捷快拦作战战术可以充分发挥导弹防御作战体系的速度素质和体能优势，实现尽快拦截。体系敏捷快拦作战战术需要考虑人在回路对体系敏捷性的影响。

2. 导弹待机快拦作战战术

导弹待机快拦作战战术是指先将携带拦截导弹的亚声速巡航导弹和"飞行挂架"发射至空中待机区盘旋待机，在导弹防御作战体系发现敌大型空中目标抵近待机区时，指令亚声速巡航导弹和"飞行挂架"投放拦截导弹，对敌大型空中目标实施快速拦截作战的快拦作战战术。导弹待机快拦作战战术适用于打击预警机等大型空中目标。

导弹待机快拦作战战术可以充分发挥亚声速巡航导弹和"飞行挂架"长时间空中待机的优势，虽然是亚声速飞行，但是从待机区到拦截区距离更近、时间更短，同样可以实现快速拦截。导弹待机快拦作战战术需要考虑在待机区的隐蔽飞行以及与拦截区的恰当距离。

3. 先发后瞄快拦作战战术

先发后瞄快拦作战战术是指改变拦截导弹发射流程，将传统的"准备—瞄准—发射"流程改变为"准备—发射—瞄准"，拦截导弹发射前只提供态势级的目标信息，导弹的瞄准和目标指示在飞行过程中由数据链或制导雷达传递，以降低拦截导弹发射的要求、缩短发射准备时间、提高导弹作战灵活性的快拦作战战术。先发后瞄快拦作战战术适合于应对大规模导弹和目标来袭的防御作战。

先发后瞄快拦作战战术可以充分发挥"让导弹飞一会儿"的时间差优势，将导弹瞄准从一个发射的条件改变为一个不断修正的过程，使得导弹的发射更加灵活快速，拦截导弹的快速作战能力显著提升。先发后瞄快拦作战战术需要考虑拦截导弹目标的预分配和再分配问题。

4. 智能拦截快拦作战战术

智能拦截快拦作战战术是指将由人在回路的 OODA 作战环改变为由人工智能自主决策的 OODA 作战环，将有人干预的导弹防御作战过程变为自主智能防御作战过程，以缩减导弹防御作战 OODA 作战环闭环时间的快拦作战战术。

智能拦截快拦作战战术可以充分发挥人工智能的作用，通过机器学习和作战实践，不断提高导弹防御作战体系的智能水平，更好地夺取导弹攻防作战的时间差。智能拦截快拦作战战术需要考虑在作战初期体系智能水平的不足，以及敌方利用"数据诱饵"改变战场数据致使体系智能错误地学习和选择的问题。

5. 直接交联快拦作战战术

直接交联快拦作战战术是指改变传统的"发现—识别—跟踪—决策—拦截—评估"的导弹防御作战链路和流程，将预警探测装备获得的敌情和进攻目标信息直接传递给拦截导弹，实现发现和拦截的直接交联，跨越目标识别、跟踪、决策等打击链条，缩减 OODA 作战环闭环时间的快拦作战战术。例如，势导式导弹防御作战就是采用直接交联快拦作战战术。

直接交联快拦作战战术可以充分发挥传感器在防御作战时间内连续发现和传递目标信息的体能和技能，使得拦截导弹不断修正目标的位置，直至导弹捕获目标。直接交联快拦作战战术需要考虑在传感器只能提供态势级目标信息的情况下，确保拦截导弹中末制导交接班的实现。

（四）多拦作战战术

多拦作战战术是指综合运用多目标拦截作战技术，实现对多目标同时拦截的导弹防御作战战术。根据实现多目标拦截的作战样式，多拦作战战术可分为多目标引导拦截多拦作战战术、多目标协同拦截多拦作战战术、群目标拦截多拦作战战术等。

1. 多目标引导拦截多拦作战战术

多目标引导拦截多拦作战战术是指综合运用多目标探测、制导和拦截作战技术，实施多目标拦截的多拦作战战术。

多目标引导拦截多拦作战战术可以充分发挥导弹防御作战体系拦截多目标的能力，发挥制导雷达对多目标的跟踪、分配、引导拦截的多通道能力，充分发挥拦截导弹高密度装填和发射能力，实现以多对多的拦截态势。多目标引导拦截多拦作战战术主要受制导雷达多通道能力的限制。

2. 多目标协同拦截多拦作战战术

多目标协同拦截多拦作战战术是指对一批多个来袭目标发射一组多发拦截弹，制导雷达仅引导领弹，由领弹分配和引导协同攻击的拦截导弹，对多目标实施拦截的多拦作战战术。

多目标协同拦截多拦作战战术可以充分发挥拦截弹协同作战的多目标拦截能力，可以将制导雷达的多目标通道变为多批次通道，每个批次又可以拦截多个目标，形成导弹防御作战体系 $n \times m$ 的多目标拦截能力的倍增。多目标协同拦截多拦作战战术需要考虑领弹对多目标探测跟踪，以及对拦截导弹自主的任务分配和引导控制。

3. 群目标拦截多拦作战战术

群目标拦截多拦作战战术是指综合运用群目标拦截作战技术，实现对群目标拦截的多拦作战战术。

群目标拦截多拦作战战术可以充分发挥新型拦截作战方式和新型毁伤模式的优势，实现对群目标的高效拦截和毁伤，有效降低拦截成本。群目标拦截多拦作战战术需要考虑对释放群目标的作战平台及其数据链的有效拦截。

（五）强拦作战战术

强拦作战战术是指综合运用导弹防御作战体系抗干扰、抗毁重组、导弹毁伤作战技术，实现抗干扰能力强、抗毁能力强、导弹毁伤能力强的导弹防御作战战术。

1. 抗干扰强拦作战战术

抗干扰强拦作战战术是指综合运用导弹防御作战体系技术能力抗干扰、战术运用抗干扰、体系支援抗干扰作战技术，实现在攻防对抗的强干扰战场环境下，导弹作战体系的有效运转和拦截导弹的高概率杀伤。

抗干扰强拦作战战术可以充分发挥体系的抗干扰能力和拦截导弹的抗干扰能力，在技术能力抗干扰、战术运用抗干扰和体系支援抗干扰方面综合施策，实现在对抗性复杂战场环境下的导弹防御作战。

2. 抗毁重组强拦作战战术

抗毁重组强拦作战战术是指综合运用导弹防御作战体系抗毁作战技术和重组作战技术，实现在导弹防御作战体系遭受敌方软硬破袭的情况下，保持和恢复导弹防御作战体系能力的强拦作战战术。

抗毁重组强拦作战战术可以充分发挥导弹防御作战体系网络化布势、冗余部署和灵活重组能力，在与势均力敌的敌方攻防博弈对抗中，持续地保持导弹防御作战的能力和水平。抗毁重组强拦作战战术需要考虑体系的布势和冗余。

3. 导弹毁伤强拦作战战术

导弹毁伤强拦作战战术是指综合运用拦截导弹"失基式""失性式""失能式""失联式"作战技术，实现导弹高效毁伤的强拦作战战术。

导弹毁伤强拦作战战术可以提高不同毁伤样式对不同来袭目标毁伤的针对性和有效性。导弹毁伤强拦作战战术需要考虑目标的毁伤特性。

（六）高效作战战术

高效作战战术是指导弹防御作战体系以最快的速度、最小的代价实现对敌来袭目标最有效拦截的导弹防御作战战术。按导弹作战高效样式的不同，高效作战战术可分为协同防御作战战术、交联防御作战战术、体系防御作战战术、智能防御作战战术等。

1. 协同防御作战战术

协同防御作战战术是指在态势级信息和任务规划的支援下,协同拦截的导弹形成具有发现、识别、跟踪、决策、拦截、评估能力动态的导弹防御系统,对敌来袭目标实施自主拦截的高效作战战术。这是一种"团队作战"的导弹防御高效作战战术。例如,分布式防御导弹作战主要采用协同防御作战战术。

协同防御作战战术可以充分发挥拦截导弹协同作战的团队优势,在导弹防御作战体系的支撑下,既可抵近探测,又可协同抗干扰,形成机动前出的导弹防御作战子体系,可以实现"发射后不管",降低拦截导弹对导弹防御作战体系的依赖,在强对抗环境下自主高效地作战。协同防御作战战术需要考虑相同弹种和不同弹种的拦截导弹协同方法。

2. 交联防御作战战术

交联防御作战战术是指拦截导弹作战平台依据导弹防御作战体系预警探测装备提供的目标信息发射拦截导弹,在导弹飞行过程中,预警探测装备不断地将实时更新的目标信息直接传递给拦截导弹,引导拦截导弹截获并拦截目标的一体化高效防御作战战术,包括星导一体、机导一体、地导一体、舰导一体、导导一体等。这是一种"穿越引导"的导弹防御高效作战战术。例如,势导式防御作战主要采用交联防御作战战术。

交联防御作战战术可以充分发挥侦察探测系统发现作战技术和导弹机动飞行能力的优势,实现传感器与"手掌"的直接交联,压缩了作战流程和OODA作战环的闭环时间,实现了高效的导弹防御作战。交联防御作战战术需要考虑传感器信息的不断更新,以及与"手掌"之间信息的可靠传递。

3. 体系防御作战战术

体系防御作战战术是指依靠导弹防御作战体系各作战要素的整体优势,将网电战、信息战、导弹战有机地结合起来,扬长避短、克敌制胜,以体系的优势夺取导弹防御作战空间差和时间差的高效作战战术。这是一种体系对抗的导弹防御高效作战战术。例如,海上编队防御作战、两栖登陆防御作战主要采用体系防御作战战术。

体系防御作战战术可以充分发挥体系的整体体能和技能,利用体系的长板弥补拦截导弹作战的短板,以阻断和迟滞敌方导弹进攻体系OOOA作战环闭合为目的,实现导弹防御作战的高效拦截。体系防御作战战术需要考虑寻找敌方导弹进攻体系的漏洞和薄弱环节。

4. 智能防御作战战术

智能防御作战战术是指智能化的导弹防御作战体系依靠态势级信息发射拦截导弹，导弹在飞行至拦截区时，自主感知目标、规划航迹，自主发现、跟踪、识别和拦截目标，自主选择拦截目标的方向、高度和拦截区域的高效防御作战战术。这是一种"独狼"式的导弹防御高效作战战术。

智能防御作战战术可以充分发挥拦截导弹自主智能的优势，利用拦截导弹综合传感器获取战场态势和目标信息，并对这些信息进行大数据的融合处理，自主形成拦截方案，一发智能弹可以形成一个导弹拦截作战的微体系。智能防御作战战术需要考虑反智能的"数据诱饵"威胁。

以上四种高效防御作战战术是高效作战战术的典型样式，但并非所有样式。随着技术和装备能力的提升，高效的防御作战样式还会不断涌现。

（七）组合作战战术

组合作战战术是指将远拦作战战术、广拦作战战术、快拦作战战术、多拦作战战术、强拦作战战术等进行有效合理的组合以进一步提高导弹防御作战能力的导弹防御作战战术。按照制胜要素相互增强的关系，组合战术包括远广组合战术、远快组合战术、广强组合战术、快多组合战术、快强组合战术等。

1. 远广组合战术

远广组合战术是指远拦作战战术与广拦作战战术组合运用。导弹防御作战体系的网络化布势自身具有防御覆盖范围远与广的特点，这是远广组合战术的第一种应用。单元体能广拦作战战术利用自身杀伤区覆盖范围广的特点，可以实现远与广的有机结合，这是远广组合战术的第二种应用。领弹协同远拦作战战术与单元体能广拦作战战术的组合，可以通过增加领弹和拦截弹的体能，实现远与广的有机结合，这是远广组合战术的第三种应用。

2. 远快组合战术

远快组合战术是指远拦作战战术与快拦作战战术组合运用。由于远拦战术中体系前置远拦作战战术和无人预置远拦作战战术具有近拦的特征，可以实现远与快的有机结合，这是远快组合战术的第一种应用。导弹待机快拦作战战术可以由亚声速巡航导弹和"飞行挂架"远距离投送，接到作战命令后对目标实施快速打击，这是远快组合战术的第二种应用。无人预置远拦作战战术与直接交联快拦作战战术组合运用可以实现势导式拦截作战，这是远快组合战术的第三种应用。

3. 广强组合战术

广强组合战术是指广拦作战战术与强拦作战战术组合运用。采用网络化布势的导弹防御作战体系本身具有防御范围广、体系抗干扰和抗毁能力强的能力，这是广强组合战术的第一种应用。单元体能广拦作战战术与协同拦截作战战术的组合应用，这是广强组合战术的第二种应用。

4. 快多组合战术

快多组合战术是指快拦作战战术与多拦作战战术组合运用。体系敏捷快拦作战战术可以在同一时间范围内组织更多的拦截次数，这是快多组合战术的第一种应用。直接交联快拦作战战术对多目标协同拦截作战使可以拦截的导弹数量倍增，这是快多组合战术的第二种应用。直接交联快拦作战战术可以替代制导雷达进行引导拦截，释放制导雷达的多目标通道用于拦截更多的来袭目标，这是快多组合战术的第三种应用。

5. 快强组合战术

快强组合战术是指快拦作战战术与强拦作战战术组合运用。直接交联快拦作战战术可以缩短防御作战链条，减少体系受干扰和破袭的影响，可以引导拦截导弹在更近的距离上截获目标，提高拦截导弹末制导抗干扰能力，这是快强组合战术的第一种应用。导弹待机快拦作战技术用于打击预警机、侦察机等大型空中目标，可以跟踪敌机的辐射信号，进行导弹释放拦截，减少了对体系的依赖，提高了拦截作战抗干扰能力，这是快强组合的第二种应用。智能拦截快拦作战战术可以利用智能导弹自主的拦截能力，减少了导弹作战对体系的依赖，提高了拦截作战抗干扰能力，这是快强组合的第三种应用。

（八）被动防护作战战术

被动防护作战战术是指综合利用被动防护作战技术抵御敌方导弹进攻作战的导弹防御作战战术。按照被动防护的作战样式，被动防护作战战术可分为机动防护战术、躲藏防护战术、加固防护战术、快速恢复战术等。

1. 机动防护战术

机动防护战术是指利用防护兵力的机动躲避导弹袭击的战术。任何形式的导弹作战都是成体系的作战，都有OODA作战环闭合要求，这就使得从发现目标到命中目标存在时间差。只要在这个时间差内离开原来的发射阵地，进攻系统就必须重启OODA作战环。实战表明，"打一枪换一个地方"是机动火力和兵力生存的有效手段。特别是发射了导弹之后的作战平台，必须立即撤离和转移。确定机动防护战术，在选择和部署火力兵力时，需要预留足够的机动空间以及备选的作战阵地和区域。

2. 躲藏防护战术

躲藏防护战术是指灵活运用躲藏防护技术的战术方法。充分合理地运用地形、气象、民商、静默等躲藏防护技术，是抗击导弹袭击的有效战术，也是实现防御反击作战的必然要求。

3. 加固防护战术

加固防护战术是指灵活运用加固防护作战技术的战术方法。充分合理地运用电磁脉冲加固、物理加固等防护作战技术，是提高作战平台抗打击能力的重要手段，也是进行防御反击作战的必然要求。

4. 快速恢复战术

快速恢复战术是指灵活运用快速修复作战技术的战术方法。通过快速恢复战术，在导弹防御作战体系遭敌破袭受损之后，可以快速恢复和提升导弹防御作战体系的能力，保障导弹防御作战的稳定性和连续性。

第八章
导弹作战运用

在导弹攻防作战的实战中,导弹作战的体能、技能和战能的运用,需要根据敌情、我情和战场情况的复杂性和不确定性,制定作战方案和应变方案。由于导弹攻防作战的样式众多、目标种类繁多,需要梳理和凝练导弹作战共性规律和特点,找出导弹作战运用的一般准则和方法。

一、导弹作战运用的总体思路

研究导弹作战运用有四种基本思路。

第一种思路是对导弹作战运用进行不同的分类,根据分类逐一研究导弹作战运用方法。针对不同范畴的战术运用,可分为战略运用、战役运用和战术运用等;针对不同目的的战术运用,可分为导弹突击作战运用、导弹支援作战运用;针对不同战场的战术运用,可分为陆战场、海战场、空战场、天战场、网电战场、"三极"战场、"三深"战场、心理战场等;针对不同样式的战术运用,可分为导弹联合作战运用、导弹合成作战运用、导弹战斗作战运用等;针对不同弹种的战术运用,可分为巡航导弹战术运用、弹道导弹战术运用、防空导弹战术运用、空空导弹战术运用、直瞄导弹战术运用等;针对不同目标的战术运用,可分为陆上目标、海上目标、空中目标、导弹目标、集群目标、信息目标等;针对不同任务的战术运用,可分为侦察任务、控制任务、打击任务、评估任务等。如果按照这样的分类去提炼导弹作战运用方法,突出的问题是作战运用方法将会很多,而且作战运用方法之间会有交叉、重叠和重复。如果只针对几种主要的分类去凝练作战运用方法,则作战运用方法的普适性和针对性仍然会存在很大的问题。因此这并不是一种可取的方法。

第二种思路是从未来可能发生的涉及国家核心利益的战争出发,首先研究每一场战争的形态、样式、战场和主要作战任务;其次合并战争的形态、样式、战场和主要作战任务的同类项,得到全部的导弹作战使命和任务及其排序;然后分析导弹完成这些使命和任务需要打击哪一类目标;最后根据打击目标的类型，归类导弹作战运用的基本作战运用方法，形成打击指控系统导弹作战运用方法、打击防空导弹防御系统导弹作战运用方法、打击军事设施导弹作战运用方法、打击作战平台导弹作战运用方法、打击潜力目标导弹作战运用方法、打击导弹目标作战运用方法六种基本的导弹作战运用方法。

六种基本作战运用方法如同乐高玩具的六种积木功能块，六种积木功能块的不同组合和搭建方式，可以形成形式多样、功能丰富的乐高模型。同理，六种基本作战运用方法的不同组合和构建方式，可以形成针对不同范畴、不同目的、不同敌方、不同战场、不同样式、不同弹种、不同目标、不同任务的导弹作战运用，可以适应未来不同战争形态、样式、战场和导弹使命任务的需要。

第三种思路是从与具有不同技战术特点的作战对手实施导弹攻防作战所形成的不同的导弹作战运用方法。按技战术特点不同，作战对手可分为体能型作战对手、进攻型作战对手、防反型作战对手、全面型作战对手等。不同类型的作战对手具有不同的技战术特点，需要不同的作战运用方法予以应对。

第四种思路是在联合作战条件下，导弹作战联合运用方法。

本书重点采用第二、第三、第四种思路，研究导弹作战运用问题。

二、基于打击目标的导弹作战运用

（一）打击指控系统导弹作战运用方法

1. 指控系统

指控系统主要是指 C^4ISR 系统，主要包括指挥、控制、通信、计算机、情报、监视和侦察等系统。

指控系统主要分为首脑和机关、指挥控制和情报信息中心、通信枢纽、侦察与监视设施四类。

指控系统是灵魂。首脑和机关是战争的策源地和发动机，是战争的最高指挥者，是战争意志和决心的最高象征，是战争的灵魂所在。

指控系统是大脑。指挥控制和情报信息中心是战争的司令部，是作战意图、作战计划、作战方案的制造者，是作战情报、作战信息的加工厂，是作战、指挥和控制的CPU，是传达作战命令的喉舌，是战争的大脑所在。

指控系统是枢纽。通信枢纽将大脑与战场、体系、兵力、火力联系在一起，是战争的中枢神经。

指控系统是眼睛。侦察与监视设施是战争的传感器，是战争的眼、耳、鼻、舌、身、意"六觉",是战场最远端的触角和眼睛。

2. 目标特点

一是**部署特点**。

地下部署。战争的"灵魂"和"大脑"一般部署于地下,采用山体和钢筋混凝土保护。

机动部署。机动指挥所可以部署在飞机、舰船和地面车辆之中,机动能力强,与地下部署形成替代和互补。

纵深部署。后方指挥所一般部署于战争后方的纵深区域,难以发现和打击。与地下部署和机动部署"三位一体",确保不间断的指挥和控制。

隐蔽部署。地下、机动、后方指挥所隐蔽极深,平时不用,战时启用,而且经过严密的伪装和遮蔽,还有许多假指挥所进行迷惑,更加难以发现。

防护部署。作为灵魂和大脑所在,受到防御系统的严密防护,一般的导弹打击难以突破防御系统的拦截。

分布部署。分布交互式的网络化信息技术发展,可将指挥控制要素和能力分布于各个网络节点上,使得无中心的指挥成为可能,强大的灵活重组能力和抗毁能力可以提供持续稳定的指挥和控制。

二是**目标特征**。

地理特征。深埋于地下的坑道式指挥所,具有处于崇山峻岭、作战要地、公路和铁路的尽头、平时人员稀少而战时车辆增多的特征,而且在建设伊始症候明显。位于钢筋混凝土地下室的地下式指挥所,往往处于各作战司令部所在地的地下。

机动特征。部署在飞机、舰船、地面车辆的机动指挥所,其主体往往部署在大型飞机(如预警机)、大型舰船(如航母)、大型车辆(如重型运输车)等机动作战平台上,连同通信枢纽、综合保障和防御的机动作战平台,机动指挥所往往是一个机动编队,一般在纵深区域部署和机动。

辐射特征。指挥所作为 C^4ISR 的集合体,是防御系统的集中地,其侦察监视、目标探测、通信和电子辐射信号密集而明显,战时容易暴露和被发现。

三是**易毁特征**。

坑道式和地下式指挥所需要准确的情报和目标保障,打击方需要大当量的钻地战斗部和精准的导弹才有可能实施物理摧毁。

机动指挥所隐蔽部署和机动在纵深区域,且受到严密的防御保护,敌方即使发现也难以打击。

通信枢纽需要覆盖整个战场,信号特征明显,一般固定部署,容易被发现和摧毁。

四是**恢复特征**。

毁瘫的指控系统往往可以由备份系统替代,能力可快速恢复,失能的指控系统往往可以通过抢修快速恢复能力。鉴于指控系统的极端重要性,指控系统的构建和运用具有"九头鸟"特征。因此,打击不可能一劳永逸,需要进行持续打击和压制,需要及时地甄别新出现的指控系统,实施快速摧毁和打击。

五是**网络特征**。

依托网络构建和运用的分布式指挥控制系统,摧毁其零星和局部的节点,对系统的运行影响甚微,甚至没有影响。而其依赖的网络系统是分布式指控系统的"七寸",网络攻击和摧毁其指挥控制网络是毁瘫分布式指控系统的最佳方式。

3. 作战运用方法要义

一是**选择体系**。

打击指控系统对导弹作战体系提出了特殊的要求。

预警侦察要求更加快速和精准。对于固定的指控目标,要求战前进行充分的目标情报、目标要素、目标特征、目标防护准备。对于机动的指控目标,需要掌握目标机动的区域、目标机动的方式、目标机动的规律等。对于临机出现的目标,需要快速发现识别、定位跟踪。对于分布式指控目标,需要掌握网络拓扑结构、网络标准协议、网络连接手段、数据分发节点等。

指挥控制要求更加快捷和灵活。对于打击机动指挥所的行动,指挥控制要更加坚决和灵活多样。对于打击固定的指控目标,指挥控制要更加精准、更加协同,把握好时机和节奏。对于打击机动的指控目标,指挥控制要更加果断、更加精准、更加快速。

兵力火力要求更加猛烈和持续。

二是**选择兵力**。

地面导弹部队的远程作战力量。包括中远程弹道导弹作战力量、滑翔导弹作战力量、巡航导弹作战力量。

海上作战编队的前置作战力量。包括舰载机和岸基航空兵作战力量、岸基中远程导弹作战力量、水面舰艇和潜艇中远程对地攻击力量。

空中作战部队的战略打击力量。包括战略轰炸机力量、空中穿越作战力量、防区外对地打击作战力量。

无人作战平台的抵近打击力量。包括无人攻击机、无人水面艇、无人潜艇、预置潜伏式无人作战系统等。

三是**选择火力**。

重点选择射程远、威力大、突防能力强、具有多种杀伤机理、具有多种功能组合的导弹。

中远程导弹。陆/岸基、舰/潜基、空基导弹，包括弹道式、滑翔式、弹巡式、巡航式、巡飞式导弹等；无人机载、舰载、艇载、车载导弹。

高突防导弹。弹道式、滑翔式、弹巡式、巡航式导弹。

大威力导弹。大当量战斗部导弹、钻地导弹、云爆/温压战斗部导弹。首脑所在地、指挥中心和通信枢纽往往位于首都的繁华区，在增大威力的同时还要减少附带损伤。

多功能导弹。电磁脉冲战斗部导弹、激光战斗部导弹、雾霾战斗部导弹、导电纤维战斗部导弹、察打一体导弹、打扰一体导弹等。

四是**选择布势**。

布势的原则是兵力分散、火力集中。

由陆向陆：主要选用纵深布势、前沿布势、抵近布势。

由陆向海、由陆向空：主要选用前沿布势。

由海向陆、由海向海：主要选用纵深布势、拒止区外布势、抵近布势。

由空向陆、由空向海：主要选用防区外布势、抵近布势。

五是**选择作战运用方法**。

选择作战运用方法的基本原则就是一条，即打击敌方的指控系统必须一举毁瘫、全程压制。这是夺取作战主动和胜利的根本保证。

突然打击作战运用方法。对于战前查明的固定目标，做好充分的目标准备、火力筹划、攻击规划和协同计划，准备足够的导弹和弹药，兵力和火力布势瞄准主要作战方向，充分做好作战意图、兵力机动、火力准备意图和症候隐蔽，突然实施饱和打击，使敌方措手不及。

信火一体作战运用方法。先对敌方的指控系统进行网络电磁进攻，在敌方指挥系统能力被压制之后，进行导弹攻击。

密集火力作战运用方法。集中优势火力，形成饱和式打击，利用时间协同，一举毁瘫和重创敌方指控系统。

持续压制作战运用方法。对于敌方拟修复、拟替换的指控系统，进行持续的火力压制，阻止敌方进行修复和恢复。

特战召唤作战运用方法。对临机出现的指控目标，由特战队员发现和发出目标位置信息，召唤导弹攻击，并实施目标导引。

封控压制作战运用方法。利用巡飞弹弹群、无人机群，对某一作战区域进行封控，一旦发现目标，立即进行机载式和自杀式打击。

察打一体作战运用方法。利用亚声速巡航导弹滞空时间长、携带载荷能力强的特点，实现对特定目标的察打一体打击。

立体协同作战运用方法。综合利用弹道式、滑翔式和飞航式导弹，形成高中低弹道的立体协同攻击，有效突破敌方的导弹防御。

功能协同作战运用方法。利用导弹的作战平台功能，将具有侦察、干扰、多种制导方式和功能的导弹，组成协同打击群，形成弹载的、投掷式的、一次性使用的精确打击体系。

机导一体作战运用方法。利用预警机、侦察机、无人机发现机动作战平台目标，并直接引导导弹实施攻击。

星导一体作战运用方法。利用侦察卫星发现机动作战平台目标，并直接引导导弹实施攻击。

势导一体作战运用方法。利用导弹作战体系提供的空情和海情态势信息，直接引导导弹攻击空中和海上机动作战平台目标。

引蛇出洞作战运用方法。利用电子战、无人机蜂群、火力侦察导弹等，诱使敌方防御系统雷达开机并发射防空导弹，随后利用反辐射导弹和远程对地导弹对暴露的防空导弹防御系统目标实施毁瘫式打击，为之后攻击指控系统目标开辟通道、扫除障碍。

前置抵近作战运用方法。将携带导弹的无人作战平台，隐蔽部署在战场前沿，抵近敌方的指控系统目标，在近距离上对对方指控系统目标实施突然的导弹攻击。

以上作战运用方法需要综合运用、组合运用和单独运用，形成一套针对性和有效性强的组合作战运用方法，而且还要因地制宜、因时制宜、因敌制宜，敌变我变、我变在先。

（二）打击防空导弹防御系统导弹作战运用方法

1. 防空导弹防御系统

防空导弹防御系统是指用于拦截来袭战机和导弹的防御系统。典型的防空导弹防御系统作战单元一般由搜索跟踪雷达、照射制导雷达、指挥控制系统、发射系统与地空导弹等作战装备组成。

防空导弹防御系统的作用是保护己方免遭导弹打击，提高对方导弹进攻的代价，消耗对方导弹打击资源，为反击作战创造战机。

2. 目标特点

一是**部署特点**。

国土部署。用于整个国土防御的防空导弹防御系统，预警系统天基部署，预警雷达前置部署，指控系统网络部署，拦截导弹基地部署，拦截能力走廊部署，陆基/空基/海基一体化部署。

区域部署。在被保护区域周边部署，在重点方向梯次部署，防空/反导一体部署，高中低层组合部署，远中近区衔接部署，作战平台机动部署，指挥控制网络部署。

伴随部署。伴随陆军集团军机动作战的野战防空部署，伴随陆上导弹机动部队的防空部署。

目标部署。对机场、港口、指挥所、通信枢纽、导弹阵地等重要军事设施目标的点目标防御部署。

作战平台部署。装载于飞机、水面舰艇、潜艇和地面车辆等作战平台的防御部署。

无人部署。在不适宜人员部署的高寒地区、岛礁等作战区域，利用无人防空系统进行的防御部署。

网络部署。一体化防空反导部署，将陆基、海基、空基、天基预警系统、指挥控制系统、拦截火力系统连成一体，信息网、指挥网、情报网、雷达网四网一体。

二是**目标**特征。

单元特征。陆基防空导弹防御系统作战单元，在一个作战阵地内分布部署，作战阵地和作战平台的特征明显。

区域特征。重点区域防御部署在区域周边和主要方向上，其作战阵地和部队驻地相距不远，作战阵地和作战平台特征明显。

作战平台特征。综合型作战平台均装备有防空反导导弹系统，作战平台特征明显。但无人作战平台因其无源和小型而难以被发现。

辐射特征。防空导弹防御系统的搜索跟踪雷达、照射制导雷达和指挥控制系统电子信号特征明显。

三是**易毁**特征。

固定部署的战略性防空导弹防御系统，雷达固定，导弹发射井固定，均易毁，均受点目标防护系统防护。

机动部署的防空导弹防御系统，雷达和机动作战平台均易毁。

分布部署的防空导弹防御系统，其网络系统易毁。

无人部署的防空导弹防御系统，对空情信息和指挥信息的依赖是其薄弱环节。

四是**恢复**特征。

固定部署的防空导弹防御系统被摧毁后难以修复。陆基机动部署的防空导弹防御系统即使部分单元受损，但只要网络体系尚存，对防空能力影响不大，而且受损单元极易被即插即用的系统替代。作战平台部署的防空导弹防御系统的搜索和制导雷达受损后难以恢复,防空导弹消耗后难以实施战场补给。无人部署的防空导弹防御系统往往采用无源体制,难以被发现和摧毁。

五是**网络特征**。

防空导弹防御系统是最依托网络运行的系统,网络战是最有效的手段。

3. 作战运用方法要义

一是**选择体系**。

选择体系的三个共性要求:一是具有对辐射信号的电子侦察能力;二是对防御体系的网络攻击能力;三是对作战阵地和作战平台的成像侦察能力。

打击固定式的防空导弹防御系统,要求体系能力能覆盖至敌方国土纵深。

打击机动式的防空导弹防御系统,要求体系具备对机动作战平台的及时和精准的发现定位能力。

打击伴随式的防空导弹防御系统,要求体系具备发现被保护作战力量的能力。

打击点目标的防空导弹防御系统,要求体系具备精准地发现被保护目标的能力。

打击无源式的防空导弹防御系统,要求体系具备对空情态势信息及指挥通信传输的阻断和干扰能力。

二是**选择兵力**。

地面导弹部队的远程作战力量。包括中远程弹道导弹作战力量、滑翔导弹作战力量、超声速/高超声速巡航导弹作战力量。

海上作战编队的前置作战力量。包括舰载机和岸基航空兵作战力量、岸基中远程导弹作战力量、水面舰艇和潜艇中远程对地攻击力量。

空中作战部队的战略打击力量。包括战略轰炸机力量、空中穿越作战力量、防区外对地打击作战力量。

无人作战平台的抵近打击力量。包括无人攻击机、无人水面艇、无人潜艇、预置潜伏式无人作战系统等。

三是**选择火力**。

重点选择射程远、突防能力强,具有多种杀伤机理、多种功能组合的导弹。

中远程导弹。陆/岸基、舰/潜基、空基导弹,包括弹道式、滑翔式、弹巡式、巡航式、巡飞式导弹等;无人机载、舰载、艇载、车载导弹。

高突防导弹。弹道式、滑翔式、弹巡式、巡航式导弹。

多功能导弹。反辐射战斗部导弹、电磁脉冲战斗部导弹、激光战斗部导弹、雾霾战斗部导弹、察打一体导弹、打扰一体导弹等。

四是**选择布势**。

布势的原则是兵力分散、火力集中。

由陆向陆：主要选用纵深布势、前沿布势。

由陆向海、由陆向空：主要选用前沿布势。

由海向陆、由海向海：主要选用纵深布势、拒止区外布势。

由空向陆、由空向海：主要选用防区外布势。

五是**选择作战运用方法**。

选择作战运用方法的基本原则：网战为要，侦察为先，失能为主，联合毁瘫。打击敌方的防空导弹防御系统必须体系毁瘫，这是夺取制空权的根本保证。

网火一体作战运用方法。首先对敌方防空反导体系的网络系统进行网络电磁进攻，削弱其防空反导的体系能力，钝化网络效率，迟滞其 OODA 作战环的闭合，然后再进行导弹攻击。

功能协同作战运用方法。利用导弹的作战平台功能，将具有侦察、干扰、多种制导方式和功能的导弹，组成协同打击群，重点是侦察、发现和打击对方作战平台和导弹发射装置，形成弹载的、投掷式的、一次性使用的精确打击体系。

点穴火力作战运用方法。集中优势火力，重锤敌方防空导弹防御系统的雷达系统、通信枢纽、指控中心等关键节点，斩断其指控中枢，毁瘫其体系能力，使连成一体的防空导弹防御系统变成一盘散沙，为下一步的各个歼灭创造条件。

引蛇出洞作战运用方法。利用电子战、无人机蜂群、火力侦察导弹等，诱使敌方防御系统雷达开机并发射防空导弹，随后利用反辐射导弹和远程对地导弹对暴露的防空导弹防御系统目标实施毁瘫式打击，为之后攻击指控系统目标开辟通道、扫除障碍。

封控压制作战运用方法。利用巡飞弹弹群、无人机群，对防空导弹防御系统的部署区域进行封控，一旦发现雷达信号，立即进行反辐射打击，一旦发现导弹发射车等目标，立即进行导弹攻击。

机导一体作战运用方法。利用预警机、侦察机、无人机发现机动作战平台目标，并直接引导导弹实施攻击。

星导一体作战运用方法。利用侦察卫星发现机动作战平台目标，并直接引导导弹实施攻击。

势导一体作战运用方法。利用导弹作战体系提供的空情和海情态势信息，直接引导导弹攻击空中和海上机动作战平台目标。

以上作战运用方法需要综合运用、组合运用和单独运用，形成一套针对性和有效性强的组合作战运用方法，而且还要因地制宜、因时制宜、因敌制宜，敌变我变，我变在先。

（三）打击军事设施导弹作战运用方法

1. 军事设施

军事设施主要包括机场、港口、军营、导弹阵地、航天发射场、交通枢纽、工程设施、保障系统等，是导弹作战体系和作战部队部署、机动、作战和保障的重要场所和必经之地，是导弹作战兵力和火力的基地依托。

军事设施主要分为场地类、工程类、道路类、设施类四个种类。重要的军事设施一般均有防空导弹防御系统进行防护。

军事设施是为导弹作战体系和作战部队提供生活、作战、保障的场所。摧毁这些场所，将使导弹作战体系和导弹作战部队失去依托。

2. 目标特点

一是**部署特点**。

本土部署。绝大部分军事设施部署于敌方本土的前沿和纵深区域。

海外部署。军事强国在全球和重点地区均部署有海外基地，对己方威胁大的是敌方部署在地缘周边的海外基地。这些海外基地部署有大量的军事设施。

机动部署。部分军事设施具有机动能力，如运输系统、保障系统和装备等。

防护部署。重要的军事设施均有防空导弹防御系统一体化部署。

二是**目标特征**。

坐标特征。绝大部分军事设施均属于固定部署，坐标特征和成像特征明显。

集结特征。场地类和工程类军事设施往往是兵力火力的集结地。通过兵力集结的特征就可以找到这些集结场所。

辐射特征。军事设施的集结作用和防空系统的固有特性，使得军事设施的雷达通信等辐射信号特征明显，其活跃的程度与信号的强度和密度密切相关。

军民特征。绝大部分军事设施具有军民两用的功效，平时宜军宜民。

三是**易毁特征**。

四类军事设施目标均需要物理毁伤予以摧毁。

四是**恢复特征**。

场地类、设施类目标毁伤后易恢复，工程类目标毁伤后易替代，道路类目标毁伤后易抢修、易变通。

3. 作战运用方法要义

一是**选择体系**。

选择体系的四个共性要求：一是具有对辐射信号的电子侦察能力；二是具有对场地类目标的成像侦察能力；三是具有对工程类目标的坐标定位能力；四是具有对毁伤效果的评估能力。

打击固定式的军事设施，要求体系能力能覆盖至敌方国土纵深和周边海外基地。

打击机动式的军事设施，要求体系具备对机动作战平台的及时和精准的发现定位能力。

打击配属的防空系统，要求体系具有强的侦察、诱扰和打击能力。

二是**选择兵力**。

地面导弹部队的远程作战力量。包括中远程弹道导弹作战力量、巡航导弹作战力量。

海上作战编队的前置作战力量。包括舰载机和岸基航空兵作战力量、岸基中远程导弹作战力量、水面舰艇和潜艇中远程对地攻击力量。

空中作战部队的战略打击力量。包括战略轰炸机力量、空中穿越作战力量、防区外对地打击作战力量。

无人作战平台的抵近打击力量。包括无人攻击机、无人水面艇、无人潜艇、预置潜伏式无人作战系统等。

三是**选择火力**。

重点选择射程远、突防能力强、威力大、精度高、具有多种功能组合的导弹。

中远程导弹。陆/岸基、舰/潜基、空基导弹，包括弹道式、滑翔式、弹巡式、巡航式、巡飞式导弹等；无人机载、舰载、艇载、车载导弹。

高突防导弹。弹道式、滑翔式、弹巡式、巡航式导弹。

大威力导弹。大当量战斗部导弹、钻地导弹、云爆/温压战斗部、随机延时起爆战斗部导弹。由于军事设施军民两用性质，在增大威力的同时还要减少附带损伤。

多功能导弹。察打一体导弹、打扰一体导弹、协同打击导弹等。

四是**选择布势**。

布势的原则是兵力分散、火力集中。

由陆向陆：主要选用纵深布势、前沿布势。

由陆向海、由陆向空：主要选用前沿布势。

由海向陆、由海向海：主要选用纵深布势、拒止区外布势。

由空向陆、由空向海：主要选用防区外布势。

五是选择作战运用方法。

选择作战运用方法有两条基本原则：一是精准火力毁瘫；二是持续压制打击。

先期火力打击作战运用方法。在联合战役初期，在敌方进行远程兵力投送和战役准备，尚未形成整体战斗力之时，组织远程火力对敌实施有重点的导弹突击，目的是削弱敌方投送能力、保障能力和先进装备的优势。

精准火力打击作战运用方法。是对军民两用的设施进行精准打击、减少附带毁伤的作战运用方法。优先选用景象匹配类、成像制导类等高精度的导弹武器装备进行首波打击。由于首波打击后景象和成像均发生改变，而且爆炸后的硝烟还会阻挡成像的质量，后续波次打击要改变制导体制，或快速改变基准景象和图像。

突然打击作战运用方法。对于战前查明的固定目标，做好充分的目标准备、火力筹划、攻击规划和协同计划，准备足够的导弹和弹药，兵力和火力布势瞄准主要作战方向，充分做好作战意图、兵力机动、火力准备意图和症候隐蔽，突然实施打击，使敌方措手不及。

持续压制作战运用方法。对敌方拟修复、拟替换的军事设施进行持续的火力压制，阻止敌方进行修复和恢复。

特战召唤作战运用方法。对临机出现的军事设施和兵力火力集结地，由特战队员发现和发出目标位置信息，召唤导弹攻击，并实施目标导引。

立体协同作战运用方法。综合利用弹道式、滑翔式和飞航式导弹，形成高、中、低弹道的立体协同攻击，有效突破敌方的导弹防御。

机导一体作战运用方法。利用预警机、侦察机、无人机发现机动作战平台目标，并直接引导导弹实施攻击。

星导一体作战运用方法。利用侦察卫星发现机动作战平台目标，并直接引导导弹实施攻击。

势导一体作战运用方法。利用导弹作战体系提供的空情和海情态势信息，直接引导导弹攻击空中和海上机动作战平台目标。

前置抵近作战运用方法。将携带导弹无人作战平台隐蔽地部署在战场前沿，抵近敌方的指控系统目标，在近距离上对对方军事设施目标实施突然的导弹攻击。

以上作战运用方法需要综合运用、组合运用和单独运用，形成一套针对性和有效性强的组合作战运用方法，而且还要因地制宜、因时制宜、因敌制宜，敌变我变，我变在先。

（四）打击作战平台导弹作战运用方法

1. 作战平台

作战平台主要指对方用于进攻作战的各类作战平台，主要包括天地往返飞行器、临近空间飞行器、作战飞机、水面舰艇、潜艇、地面战车和导弹发射车等。

作战平台主要分为隐身类、高速类和协同类三种。隐身类包含空中、水面、水下的隐身作战平台；高速类包含临近空间作战平台；协同类包含地面、海上、空中进行分布式作战的作战平台。这三类作战平台可以是有人的，也可以是无人的。

作战平台是象征。作战平台是一个国家军事实力和武器装备水平的象征，是是否有代差的根本体现。作战平台是机械化战争的产物，信息化技术是机械化作战平台的能力倍增器，智能化技术是信息化作战平台的能力倍增器。因此，信息化和智能化是乘数，机械化是被乘数，综合作战能力的提升永远离不开这个被乘数。

作战平台是骨干。作战平台的规模和能力构成一个国家军事能力的核心和骨干力量。有的时候，直接把先进作战平台的规模用作比较和评估两国作战实力的差异。

作战平台是中心。综合性的作战平台是集信息力、机动力、火力、指控力、防护力、兵力于一体的作战系统，不仅可以满足自身作战的需要，往往还可以为体系和其他作战力量提供支撑和支援。因此，作战平台往往价格昂贵，生产周期漫长，打掉一个作战平台就是打掉一个作战的中心。

作战平台是载体。不同的作战平台装载有不同的导弹武器装备和精确制导弹药，其作战能力往往取决于装载导弹的数量和性能。作战平台挂载和装载导弹的能力是衡量作战平台水平的一个重要标准。相对于反导而言，打击作战平台就是打"鸟巢"，更有利于从根本上遏制敌方导弹的进攻能力。

作战平台是威慑。在现代战争条件下，具有代差的交战是不对称的战争，落后的一方鲜有取胜的把握。强大的军事实力和先进的作战平台，可以对作战敌方构成强大的心理震慑力，使其在衡量得失成败之后，放弃发起战争的图谋。

2. 目标特点

一是**部署特点**。

基地部署。作战平台平时部署于军事基地内，战时机动至作战区。军事基地是作战平台的巢穴，是其进行补给、修整、恢复的大本营。军事基地包括本土军事基地和海外军事基地两类。海外军事基地的规模和范围,代表一个国家军事战略的定位和走向。

机动部署。战略性的作战平台可以长时间在全球范围内机动,可以远距离投送作战能力。这种长时间的、远距离的战略投送能力和作战能力,是未来战争的重心之一。未来的作战平台不再局限于单一的作战空间机动作战,还可以实施跨域机动。

隐蔽部署。隐身化是作战平台的重要发展趋势。随着作战飞机、作战舰艇、潜艇隐身能力的提升,其作战行动更加难以被发现和跟踪,要实现对隐身作战平台的打击需要对导弹作战体系和装备进行更新换代。

防护部署。作为一个机动的作战中心,作战平台上或者作战平台的编队中,往往集成了严密的防御系统,一般的导弹打击难以突破防御系统的拦截。

分布部署。分布式作战是未来重要的作战样式。独立的作战平台通过分布式的网络技术,链接成为一个有机的作战体系。打掉其中的一个或者一部分作战平台,对这个整体的作战体系能力影响不大。需要对作战体系进行破击。

二是**目标特征**。

地理特征。作战平台的军事基地属于固定部署,具有明显的地理特征、坐标特征和构形特征。

辐射特征。作战平台作为 C^4KISR 的集合体,会在机动和作战中在全频谱范围内主动和被动地辐射各种信号;在大气层内和临近空间的高速飞行中,会辐射极强的红外信号。这些信号会被体系和导弹的"视觉"捕捉。

散射特征。作战平台会反射雷达波、声波、广播电视无线电波,会散射光波等,这些信号会被体系和导弹"听觉"捕捉。只是敌方隐身的作战平台,对己方远距离捕捉这种信号带来了极大的难度。无人作战平台的隐身能力更强,发现和打击更难。但是隐身作战平台也有一个突出的弱点,即其内埋式弹舱限制了装载导弹的数量和射程,使其"腿长手短"。

衍射特征。机动的作战平台会与其机动的介质相互作用,衍生出新的特种信号。这种信号会被体系和导弹的"视觉""听觉"等捕捉。

集合特征。作战平台的编队、协同和分布的布势,使得发现其一就可能顺藤摸瓜发现一组。

机动特征。作战平台的高速和高机动过载能力不断提升,对打击它的导弹的机动能力提出了新的挑战。无人作战平台的机动能力更强,打击更难。

三是**易毁特征**。

轻质化毁伤。作战平台追求高的装载能力、远的机动能力和强的隐身能力,其结构和系统日益轻质化,结构材料日益非金属化,结构形态日益"蛋壳"化,所以其抗打击能力和抗碰撞能力不升反降。

热结构毁伤。作战平台对高的飞行速度的追求,带来热防护的挑战,基体热防护材料趋于非金属化和陶瓷化,结构脆性和脆弱性增大。一旦热结构轻微受损,就会逐渐造成整个机体的解体。

殉爆式毁伤。作战平台追求更多武器的装载能力和更远的机动距离,其本身就变成了更加危险的弹药库和燃料库,一旦局部战损,就可能发生连带性的、不可逆转的、毁灭性的殉爆。

失能式毁伤。作战平台的集成作战中心功能,使其丧失任何一个功能,就可能造成作战平台的失效。这就为各种软硬打击和失其一能的打击提供了前提和条件。

失联式毁伤。基于作战平台的分布式和网络化特征,断其网络链接,作战平台就成为孤立的力量,为各个击破创造了战机。

权重式毁伤。无人作战平台功能单一、价格便宜、成群结队作战,一对一地对无人作战平台进行导弹打击,就会快速和大量消耗导弹资源,打击的效费比极低,必须探寻新的打击方式。

智能式毁伤。无人作战平台还会向智能化发展,其智能化的感知和数据处理,提供了一种通过制造虚假数据使其错误学习的反智能毁伤模式。

四是**恢复特征**。

作战平台一旦损毁,在战场上就难以恢复,必须退出战场抢修,或由新的作战平台替代,而修复、替代的周期和代价是巨大的。

无人作战平台则恰恰相反,可以快速补充,重新形成能力。

3. 作战运用方法要义

一是**选择体系**。

需要有"慧眼"。能够尽早和尽远地发现隐身的作战平台目标,引导导弹进行攻击。

需要有"六觉"。能够敏锐地捕捉作战平台目标的辐射、散射和衍射信号。

需要有覆盖。能够对战场的全方位、全空间、全纵深实施全频谱、全过程的能力覆盖。

需要有智能。能够形成 OODA 作战环的快速闭合,能够以智能反智能。

需要有防抗。作战体系自身就是被作战平台攻击的对象,要有足够的保持和恢复体系能力的弹性。攻击作战平台本质上是与攻击体系的对抗,作战体系要有足够的分辨真假的能力。

需要有"克星"。针对作战平台目标的易损特性,把失效与失能结合起来，把硬毁伤和软毁伤结合起来，把毁伤物理结构和毁伤热结构结合起来，不断地创新和拓展克敌制胜的手段。

需要有"断破"。对分布式的作战平台，要有破网断链的有效办法。

二是选择兵力。

选择兵力的基本原则是以"体系＋作战平台＋导弹"复合优势战胜敌方在体系和作战平台方面的优势，特别是要以己导弹之长克敌作战平台之优。

选择无人作战平台，携带"长剑"攻击先进作战平台。

选择协同作战平台，利用群体的力量攻击综合作战平台。

选择预置作战平台，在与"身高体长"的作战平台较量之中，发挥近战和游击战的优势。

选择导弹作战平台，构建基于导弹作战平台的伴随式导弹作战体系。

三是选择火力。

确立导弹中心战的思想，以导弹的长板优势弥补体系与作战平台的不足。

要选择远射程的导弹打击能力，实现先敌发现、先敌发射、先敌脱离和先敌命中。

要选择具有多种杀伤机理的导弹打击能力，软硬兼施，点面结合，使敌方作战平台失效、失能。

要选择在飞行末段能够对作战平台成像的高精度导弹打击能力，专打作战平台的失能部位和殉爆部位。

要选择能够协同攻击的导弹打击能力，形成打击隐身作战目标的"群狼"优势，形成"侦、控、打、评"的综合优势。

要选择低成本、子母式、破网式、可高密度发射的导弹打击能力，打击蜂群式和智能式作战平台。

四是选择布势。

布势的原则是兵力分散、火力集中。

由陆向陆：主要选用纵深布势、前沿布势、抵近布势。

由陆向海、由陆向空：主要选用前沿布势。

由海向陆、由海向海：主要选用纵深布势、拒止区外布势、抵近布势。

由空向陆、由空向海：主要选用防区外布势、抵近布势。

五是选择作战运用方法。

选择作战运用方法的基本原则是能够持续高效地打击来袭作战平台。

打击隐身目标的多向攻击作战运用方法。利用隐身目标在各个方向上隐身能力的差异性，规划一组导弹在不同方向上对其进行多向同时攻击，最终使其露出狐狸尾巴，没有藏身和躲避之地。这是一种以多对单的攻击作战运用方法。

打击隐身目标的协同攻击作战运用方法。利用相互协同的一组导弹，通过信息级和信号级的制导协同，形成探测、跟踪和打击隐身目标的能力倍增，从而显著增加打击隐身作战目标的范围。这也是一种以多对单的攻击作战运用方法。

打击隐身目标的势导攻击作战运用方法。利用导弹作战体系对隐身作战目标的发现、跟踪的强大能力形成的态势级信息，直接引导控制导弹攻击隐身目标。如果引导控制的精度不能满足导弹制导精度链闭合的需要，可以利用多发导弹的协同攻击覆盖一个作战区域，打击隐身目标。这是一种把体系优势与导弹攻击优势相结合的攻击作战运用方法，也是未来重要的发展趋势。

打击隐身目标的衍生攻击作战运用方法。导弹作战体系通过探测隐身目标与环境相互作用产生的衍生信号发现隐身目标，直接引导控制导弹攻击隐身目标。这是一种"顺藤摸瓜"的攻击作战运用方法。

打击协同目标的以多对多作战运用方法。对于数量不多的协同攻击作战平台，发射相对应的多枚导弹或子母弹，逐一进行打击。如果面对无人作战平台，则需要权衡这种打击的交换比。这是一种以多对多的攻击作战运用方法。

打击协同目标的破网断链作战运用方法。将各作战平台连为一体的网络是协同目标的中枢神经，切断这个中枢神经就会将各个作战平台变成孤立之敌，如果是无人作战平台，则会变成一盘散沙、失去控制。使用雾霾弹、电磁脉冲弹、网络进攻弹，就可以斩断协同作战平台的中枢神经，以便各个击破。这是破敌阵型的攻击作战运用方法。

打击协同目标的核心作战平台作战运用方法。有人和无人作战平台的协同，是未来作战平台协同作战的重要样式，往往无人作战平台在前、有人作战平台在后。如果放过前边的无人作战平台，直接攻击有人作战平台，则无人作战平台将会失去控制、丧失能力。这是一种"万军之中取上将首级"的攻击作战运用方法。

打击高速目标的点状攻击作战运用方法。打击临近空间高超声速作战平台，使用传统的反导作战方式，利用引战配合毁伤或动能杀伤目标。由于临近空间的特殊性，实现这种打击手段难度极大，代价也很大。

打击高速目标的面状攻击作战运用方法。针对高速飞行作战平台的结构特点和运动特性，通过一弹或多弹形成的爆破杀伤区，对目标进行一次和二次损伤。这是一种面杀伤的攻击方式。可以利用多发导弹的组合和协同，形成更大区域的杀伤区域，这种杀伤就像在临近空间编织的一张杀伤网，使高速作战平台不可逃逸、自投罗网。

（五）打击潜力目标导弹作战运用方法

1. 潜力目标

战争潜力是指战时能够迅速形成或者是支撑形成军事能力的国防能力和工业基础能力。战争潜力目标重点是国防能力目标和工业基础目标。潜力目标主要包括军工厂、国防设施、发电厂、炼油厂、油库等重要战略物资的储存场和仓库、广播/电视台等。打击这些目标可以剥夺敌方的战争意志、削弱其战争潜力，潜力目标是现代战争中重要的攻击目标。

潜力目标主要为工程类目标，具体可分为厂区/库区类、设施类、建筑类目标。

战争潜力是持续保持战争能力的发动机，是一个国家国防实力的重要象征，是国家科技和工业水平的重要体现，是国家赖以运转、战争赖以继续、经济赖以发展、民众赖以生活的重要保证。打掉这些目标，将削弱敌方的战争潜力，使其战时的能力供给远远补充不了战争的消耗，使得战争不可为继，国家和民众的战争意志不可维持。

2. 目标特点

一是**部署特点**。

绝大部分战争潜力目标基本部署于敌方本土的纵深区域。

二是**目标特征**。

坐标特征。战争潜力目标均属于固定部署，坐标特征和成像特征明显。

民用特征。绝大部分战争潜力目标具有军民两用的功能，主要是民用。大部分目标位于城市，与民居相邻。

厂区特征。这类目标往往分布在一个较大范围的工厂区或库存区，主要的生产设施和仓库分布在这个区域之内。

三是**易毁特征**。

战争潜力目标均需要物理毁伤予以摧毁，需要成片地、有重点地、非单一目标地毁伤。

四是**恢复特征**。

战争潜力目标均属于基础设施，毁瘫后战时难以恢复，只能战后恢复。

3. 作战运用方法要义

一是**选择体系**。

选择体系的三个共性要求：一是具有对场地类目标的成像侦察能力；二是具有对工程类目标的坐标定位能力；三是具有对毁伤效果的评估能力。

打击战争潜力目标，要求体系能力能覆盖至敌方国土纵深区域。

二是**选择兵力**。

打击战争潜力目标，一般是在打击指控系统和防空系统之后，取得制信息权和制空权的情况下展开的。因此，除特别的需要，一般采取空袭的方式，用飞机携带空地导弹和精确制导弹药进行打击。

地面导弹部队的远程作战力量。包括亚声速巡航导弹作战力量。

海上作战编队的前置作战力量。包括舰载机和岸基航空兵作战力量。

空中作战部队的空对地打击作战力量。

无人作战平台的抵近打击力量。包括无人攻击机。

三是**选择火力**。

重点选择威力大、精度高、低成本的空地导弹和精确制导弹药。

中远程亚声速巡航导弹和低成本空地导弹。携带侵彻和沙爆战斗部，提高命中精度、减少附带毁伤，避免毁伤的目标发生二次损伤。

四是**选择布势**。

主要采用临空空袭的布势。

五是**选择作战运用方法**。

选择作战运用方法的基本原则是精准火力毁瘫。

卫星导航打击作战运用方法。对于固定目标，在取得制信息权和制空权的情况下，导弹和精确制导弹药可直接采用卫星制导的方式，提高打击精度，降低打击成本，辅助以激光、景象匹配等制导打击作战运用方法。

精准火力打击作战运用方法。是对以民用为主的战争潜力目标进行精准打击、减少附带毁伤的作战运用方法。优先选用卫星导航类、景象匹配类、成像制导类等高精度的导弹和精确制导弹药。

重点打击作战运用方法。对于呈现厂区和库区特征的战争潜力目标，要选择区内重点目标实施打击，比如变电站、重要的车间和生产设施等，以提高打击的效率和效益。

信火一体打击作战运用方法。许多潜力目标都是网络化的系统，如电力系统、交通系统和金融系统等，把网络攻击的手段与导弹打击的手段相结合，将会取得更好的作战效果。

以上作战运用方法需要综合运用、组合运用和单独运用，形成一套针对性和有效性强的组合作战运用方法，而且还要因地制宜、因时制宜、因敌制宜。

（六）打击导弹目标作战运用方法

1. 导弹目标

导弹目标主要指来袭的各种导弹和导弹群。

导弹目标主要分为弹道导弹目标、高速导弹目标和低速导弹目标三类。高速导弹目标主要包括滑翔式导弹、超声速/高超声速巡航导弹等,低速导弹目标主要指亚声速导弹。

导弹目标是兵器发展的最新形态。导弹不仅是兵器发展的最新阶段,而且导弹的形态仍在不断地演变进化之中。导弹的技术不断进步,导弹的性能不断攀升,导弹的功能不断增多,导弹的普及不断拓展,导弹的运用不断翻新。

导弹目标是作战体系的重要组成。在 OODA 导弹作战环中,A 是指导弹打击。导弹打击是 OODA 作战环的重要一环。

导弹目标是作战平台战力的倍增器。作战平台的战斗力是信息力、机动力、火力、防护力、保障力的综合集成。信息力、机动力、防护力、保障力是作战手段,火力是作战目的,手段都是为目的服务的。没有了火力,信息力、机动力、防护力、保障力就失去了意义。

导弹目标是攻防对抗的基本手段。导弹是执行拒止作战的利器。导弹的射程决定了拒止的范围,导弹的能力规定了拒止的水平。利用高性能的导弹拒止高成本的作战平台,本身就是一种非对称作战。

2. 目标特点

一是**部署特点**。

单发进攻部署,是指单发导弹的进攻作战。

多发进攻部署,是指多发导弹组群或协同的进攻作战。

波次进攻部署,是指连续的导弹进攻作战。

二是**目标特征**。

辐射特征。导弹主动导引头以及导弹与作战体系的交联,均辐射射频信号。高速导弹的热特性和导弹动力的热辐射特性,均辐射红外信号。这些信号会被体系和导弹的"视觉"捕捉。

散射特征。导弹会反射雷达波和光波等,这些信号会被体系和导弹的"听觉"捕捉。低速导弹往往由于隐身设计,散射特征受到抑制。高速导弹往往牺牲散射特征。因此,打击低速导弹的难点在于发现和低空拦截,打击高速导弹的难点在于导弹的强机动能力。不同导弹的拦截方式和手段有很大的不同。

衍射特征。导弹与其机动的介质相互作用,衍生出新的特种信号。这种信号会被体系和导弹的"视觉""听觉"等捕捉。

集合特征。导弹编队、协同和分布的布势,使得发现其一就可能顺藤摸瓜发现一组。

机动特征。导弹的高速和高机动过载能力不断提升,对打击它的导弹的机动能力提出了新的挑战。

三是**易毁特征**。

低速导弹的易毁特征同低速作战平台的易毁特征。

高速导弹的易毁特征同高速作战平台的易毁特征。

3. 作战运用方法要义

一是**选择体系**。

需要有"慧眼"。能够尽早和尽远地发现隐身的导弹目标，引导导弹进行攻击。

需要有"六觉"。能够敏锐地捕捉导弹目标的辐射、散射和衍射信号。

需要有覆盖。能够对战场的全方位、全空间、全纵深实施全频谱、全过程的能力覆盖。

需要有智能。能够形成 OODA 作战环的快速闭合，能够以智能反智能。

需要有防抗。作战体系自身就是被导弹目标攻击的对象，要有足够的保持和恢复体系能力的弹性。攻击导弹目标的导弹需要有强的突防能力和抗干扰能力。

需要有"断破"。对分布式的导弹目标，要有破网断链的有效办法。

需要有"克星"。针对导弹目标的易损特性，把失效与失能结合起来，把硬毁伤和软毁伤结合起来，把毁伤物理结构和毁伤热结构结合起来，不断地创新和拓展克敌制胜的手段。

二是**选择火力**。

选择动能杀伤和破片杀伤的点状拦截导弹，形成"针尖对麦芒"的攻防样式。

选择区域杀伤的面状拦截导弹，编织导弹拦截的毁伤网。

选择协同攻击的拦截导弹，形成以多对多、以多对单的攻防样式。

选择高速弹丸拦截导弹，形成密集拦截弹幕。

选择激光武器拦截导弹，形成近距、连续、高能毁伤攻防样式。

三是**选择布势**。

对于高空来袭导弹组成高、中、低三层防御布势。

对于低空来袭导弹组成远、中、近三段防御布势。

四是**选择作战运用方法**。

选择作战运用方法的基本原则是主动、持续、高效地拦截来袭导弹。

打击导弹"巢穴"的主动攻击作战运用方法。打击发射导弹的作战平台，能够阻断导弹的发起和持续攻击能力。这是先发制人的主动防御。适用的作战运用方法等同于打击作战平台目标的作战运用方法。

打击进攻体系的阻滞闭合作战运用方法。破击敌方的进攻体系，阻断和迟滞其OODA作战环的闭合，能够使进攻的导弹丧失或降低打击能力。这是破击体系的作战运用方法。适用的作战运用方法等同于打击指控目标的作战运用方法。

打击弹道导弹三段拦截作战运用方法。对于弹道导弹初段，使用机载激光、空空导弹和地基/舰载反导导弹实施拦截，这需要反导作战平台的抵近部署；对于弹道导弹中段，使用地基/舰载远程反导导弹实施点面结合的拦截，这需要体系具有精准的识别真实弹头的能力，以及组织多发导弹二次拦截的能力；对于弹道导弹末段，使用地基/舰载末段拦截系统实施拦截，但由于弹头载入速度极高，末段拦截的难度极大。

打击滑翔和巡航导弹两段拦截作战运用方法。在远距离上，利用体系的态势级信息和预警机、作战飞机的引导信息，使用空空/地空/舰空反导导弹实施点面结合的拦截；在近距离上，使用地空/舰空反导导弹、高速弹丸和激光武器实施拦截。

打击制导系统的诱扰拦截作战运用方法。对来袭导弹主动和被动的导引头，实施有源和无源的干扰欺骗，使其偏离真实的打击目标。这是一种软防御拦截的作战运用方法。软拦截与硬拦截结合运用，会使防御效果倍增。

打击智能导弹的反智能拦截作战运用方法。对智能导弹除使用反导导弹实施拦截的方式之外，还可以利用防御体系制造虚假作战数据，使智能导弹产生错误的判断和行动而失效。

打击协同导弹的断破拦截作战运用方法。对协同攻击的导弹，先采用破网断链的方法使其孤立，再实施反导导弹拦截各个击破。这也是一种软硬结合的拦截作战运用方法。

打击导弹目标的作战运用方法选择，需要因地制宜、因势制宜、因目标制宜，根据攻防作战的不同态势灵活选择运用。

三、基于作战对手的导弹作战运用

基于作战对手的导弹作战运用是指在导弹作战中根据作战对手的具体情况，有计划、有针对性、准确无误地判断、瓦解和攻破作战对手的进攻和防御，以达到取胜的作战目的。导弹作战运用要以智取胜，以冷静的头脑和清晰的战术取胜。

（一）体能型作战对手

体能型作战对手的特点是，擅长连续快速导弹攻击，不惧怕反击，敢于应战。其战术目的是在短时间内取胜，以最大的力量展开进攻，从而夺取导弹作战的胜利。体能型作战对手作战体能较强，但多半技战术水平不够精湛。这样的作战对手，在导弹作战的一开始会占得上风，但多数不能把体能的优势保持到最后。他们一刻不停地进攻，想使对手无法招架，无力反击。

对付体能型作战对手的基本战术思想是，利用其进攻而使其疲劳的消耗战术，使作战对手在连续进攻中造成思想上的急躁，加上体能的消耗，空隙和漏洞就会频现，反击的机会就会出现。

对付体能型的作战对手，在整个作战过程中应注重防御，通过灵活的兵力调整，消耗对手的体能。一旦看准空隙和漏洞的时机，立即实施强有力的防守反击。这样，对手就会有所顾忌，不敢再轻易地进攻，从而使防御方战场态势从战略防御转入战略相持，进而到战略进攻，最终夺取导弹作战的胜利。

（二）进攻型作战对手

进攻型作战对手一般都具有兵力调整快、导弹进攻速度快的特点，大多以中远距离导弹进攻为主。进攻型作战对手往往凭借其良好的导弹作战体能素质，在导弹进攻时，连续不断地实施打击，打击速度快、火力密度大。同时，进攻型作战对手往往利用进攻的优势，弥补防御能力薄弱、技战术缺少变化、连续作战能力不强等方面的不足。

对付进攻型作战对手的基本战术思想是，靠近对手、抑制其中远程打击优势，加强导弹防御、避开对手的导弹进攻并伺机进行反击和迎击的防守反击战术。通过靠近对手，使其无法施展远程快速打击，促使其很快疲劳。通过加强防御，化解对手的导弹进攻。通过灵活机动，避开对手的进攻。待对手暴露空隙和漏洞时，立即实施导弹反击和迎击，从而战胜对手。

（三）防反型作战对手

防反型作战对手采用一种后发制人的战术形式，采取经验型的导弹作战方法，先利用防御化解对方的进攻，再伺机实施反击。防反型作战对手的战术特点是，以试探性的导弹进攻为主，给对方以进攻的假象，以反击为辅；沉着、冷静、谨慎，没有过多地表现对快速取胜的愿望；通过快速准确地判断对方导弹进攻意图，实施快速有针对性的导弹反击。准确和快速是防反型作战对手的战术基础。

对付防反型作战对手的基本战术思想是，虚实结合、打调结合的"敌进我退"战术。要从分析对手实际情况出发，寻找其防御和反击的漏洞；要多以试探性的导弹进攻，诱其进行导弹反击，从中寻找破绽，实施导弹反击，打乱其战术行动计划，使其处于被动局面，从而赢得导弹作战的胜利；不主动出击，保持与对手合理的时空差；遵循"敌进我退"的原则，打调结合，声东击西，避免对手抓住己方导弹防御与进攻的特点和规律，使其优势无用武之地。

（四）全面型作战对手

全面型作战对手技战术能力较为全面、作战经验较为丰富，能够实施各种距离的导弹进攻，战术的转变比较灵活，导弹作战行动果敢而迅速，往往采用"打了就跑"的战术，让对方没有还手的余地。其对不善于改变战术打法的一方有很大的威胁，难以对付。

对付全面型作战对手的基本战术思想是，依靠战术取胜和气势取胜的"游击"战术。要合理选择战术，不让对手发挥技术上的长处；要坚持"持久战"的原则，不断消耗其体能和战力；要在气势上压倒对手，使其失去信心；要选择己方的优势，避开对手的长处，把握恰当的时机，采取灵活的战术，不留空当地对对手实施迎头痛击。

四、基于联合作战的导弹作战运用

现代战争是各种力量的联合作战，导弹作战同样属于联合作战的范畴。与兵力的联合作战不同，导弹联合作战是各军种导弹火力的联合运用。从导弹火力筹划的角度看，导弹火力的联合运用主要指各种导弹火力的协同。

（一）导弹联合作战任务协同

1. 导弹破袭作战的任务协同

一是作战对手位于本土周边的导弹破袭作战。承担导弹破袭作战任务的主体是陆上导弹作战力量，海上和空中导弹作战力量是其辅助和补充。陆上导弹作战力量主要负责首波重锤，海上和空中导弹作战力量主要负责补充打击。这是一种以陆上导弹作战力量为主导的导弹联合作战协同模式。

二是作战对手位于远离本土的导弹破袭作战。承担导弹破袭作战任务的主体是海上和空中导弹作战力量，陆上导弹作战力量是其辅助和补充。在远海作战中，航母战斗群的攻防对抗，主要依靠水面舰艇的远程导弹和舰载机空面导弹，破袭敌方航母战斗群作战体系；陆上导弹作战力量进行袭扰和补充打击。这是一种以海空导弹作战力量为主导的导弹联合作战协同模式。

三是在作战对手周边具有海空作战基地的导弹破袭作战。由于作战基地位于作战对手的导弹拒止范围之内，为增大作战对手导弹拒止的难度，采用分布式基地、分布式海上和空中打击，实施导弹破袭作战。在这种情况下，陆上、海上和空中导弹作战力量任务相同、不分主次。这是一种导弹联合作战分布协同模式。

2. 导弹支援作战的任务协同

一是作战对手位于本土周边的导弹支援作战任务协同。可以充分发挥陆上导弹作战力量的优势，以陆制陆、以陆制海、以陆制空、以陆制网，支援夺取制陆权、制海权、制空权和制信息权。

二是作战对手远离本土的导弹支援作战任务协同。需要依靠海上和空中导弹作战力量支援夺取制海权、制空权、制陆权。

（二）导弹联合作战区域协同

一是按作战域进行协同。陆域以陆上导弹作战力量为主协同，海域以海上导弹作战力量为主协同，空域以空中导弹作战力量为主协同，天域以航天导弹作战力量为主协同，信息域以网电导弹作战力量为主协同。

二是按作战区进行协同。如防空作战，远程的防空作战一般由空中作战力量承担，中近程的防空作战一般由陆基和海基防空力量承担。如远海作战，对远程目标的打击一般由舰载机承担，对中远程以内的目标的打击一般由舰载导弹承担。

（三）导弹联合作战程序协同

一是按照打击目标的优先顺序进行导弹联合作战程序协同。在导弹体系破袭作战中，打击目标的顺序一般按照指挥控制类目标、防御系统目标、侦察预警目标、作战设施目标和战争潜力目标的顺序依次进行，而打击不同类型的目标需要不同种类的导弹及其不同的作战运用。因此，导弹作战计划需要根据打击目标的次序，协同安排各种导弹发射窗口和弹道。

二是在各种导弹作战力量同时承担相同的导弹作战任务时，受导弹作战体系资源的限制，以及弹道交叉安全、导弹爆炸相互影响，不同种类的导弹在发射窗口和弹目交会的时段需进行分时控制和协同。

(四) 导弹联合作战空间协同

一是同一种类导弹的空间协同。将一组同一类型的导弹在不同的飞行高度上，组成分布协同导弹打击组群，形成对目标的协同探测，形成对防御体系电子压制、火力打击的功能协同，以提升敌方导弹防御系统拦截的难度，提高突防能力和打击能力。

二是不同种类导弹的空间协同。将飞行在不同高度的弹道导弹、滑翔导弹、高超声速巡航导弹和亚声速巡航导弹组成协同攻击的组群，利用高弹道飞行的导弹实施侦察发现、电子压制，利用低弹道飞行的导弹进行隐蔽攻击；利用亚声速导弹进行侦察发现，召唤高速导弹实施火力打击；利用亚声速导弹在作战前沿的待机机动，实施隐蔽突然打击和区域封控。

(五) 导弹联合作战时间协同

一是不同作战平台发射的不同导弹对同一目标实施饱和攻击的时间协同。由于不同的作战平台和导弹攻击距离、飞行速度、飞行弹道均不同，需要进行导弹攻击规划，合理确定不同作战平台发射不同导弹的发射窗口和时机，确保打击同一目标的导弹同时从不同方向和高度到达目标，以使敌方的防御体系饱和而丧失能力。

二是不同作战平台发射的不同导弹对同一目标实施波次攻击的时间协同。由于不同的作战平台和导弹攻击距离、飞行速度、飞行弹道均不同，需要进行导弹攻击规划，合理确定不同作战平台发射不同导弹的发射窗口和时机，确保打击同一目标的导弹按照波次顺序沿同一方向到达目标，以使敌方的防御体系在某一防御方向饱和而丧失能力。

第九章
导弹作战未来

随着新一轮科技革命的到来，物质结构、宇宙演化、生命起源、意识本质等基础科学领域正在酝酿重大突破，信息、生物、新材料、新能源等前沿技术深入发展，必将引发导弹武器装备新的技术形态，从而改变和颠覆导弹作战形态以及战争样式。

一、未来的战争

当前，世界主要国家战略角逐加剧，不断推出新的顶层军事行动指南性文件，构划未来新型作战样式；同时高新技术的快速发展，也进一步诱发战争形态深刻变革。

（一）未来作战新域

未来战争将呈现多域协同作战的战场态势，陆、海、空、天、网电以及认知六大领域无缝集成，作战力量有机融合，作战样式跨域协同。未来智能化战争在网电空间、临近空间、深海空间、极地空间、认知空间五个新型战场空间的争夺也将异常激烈。

1. 网电空间

网电空间造就了网络政治、网络经济、网络文化、网络军事和网络外交等新词汇，在军事领域催生出网电空间作战等新概念。网电空间作战是将电子战与网络战等手段有机融合、综合运用，为破坏敌方战场网络化信息系统并保证己方战场网络化信息系统正常运行而采取的一系列作战行动，其目的是夺取战场制信息权。

2. 临近空间

临近空间飞行器的军事应用价值不仅仅是对原有作战能力的简单重复和加强，而是扩充原有的作战能力，而这种新的能力是传统航天器和航空器所不具备的。事实上，临近空间飞行器为未来战场添加了新的作战元素，将对现代化战争的作战理论、作战方式产生深远影响。

3. 深海空间

近年来，随着深海技术的不断进步和发展，人们对各种海洋空间的利用已不仅仅局限在民用方面，研究和建立各种军事用途的海洋空间已成为许多军事大国追求的目标，海上军用浮岛和海底军事基地就是发展重点之一。未来海洋的军事利用仍将得到强化，掌握与军事活动有关的海洋环境要素将更加艰难，争夺海底、海洋空间的斗争将更加尖锐复杂。

4. 极地空间

极地与深海一样均为地球公共空间，其不仅蕴藏着丰富的资源，更重要的是其特殊的地理环境和气候条件具有非常重要的军事价值。如极地特殊的电磁场环境，将成为一些大国进行电磁武器研究的重要区域；极地具有战略"瞰制"作用，如果在极地部署弹道导弹，其战略威慑作用不言而喻。

5. 认知空间

战争的最终目的是使对手屈从于己方意志，即从精神层面上制服对手。这就意味着，光有物理战是远远不够的，智能化战争是物质与精神、观念与现实的统一，它既是物质形态发展的表现，也是精神因素作用的必然结果。赢得未来智能化战争，必须掌握战争的主动权，获取战争制权并主导战争话语权，夺取认知空间的制脑权，"不战而屈人之兵"是智能化战争的最高境界。

（二）未来战争形态

战争形态，是指战争的时代特征在人类社会认知作战平台上的集中反映。按照战争形态演进进程，可分为冷兵器战争、热兵器战争、机械化战争、高技术化战争及信息化战争。战争形态的演进与社会形态演进如影相随，如渔猎社会孕育出冷兵器战争、工业化社会孕育出机械化战争一样，未来智能化的社会形态必将催生出与之相适应的新型战争形态，即智能化战争。

智能化战争是人工智能技术、量子信息技术、超材料技术、聚合技术、生物交叉技术等技术高度渗透到军事领域的必然结果，其支撑是武器装备、人员及战场资源的智能化。智能化战争构成必须具备两个条件：一是以网络化、信息化的战场为支撑；二是以智能化武器装备为主导。

（三）未来作战样式

1. 一体化联合作战

一体化联合作战是运用各军兵种联合作战力量，在一体化联合作战指挥机构的集中统一指挥下，依托一体化指挥控制系统，以战场信息实时共享为主要标志,实施精准、高效的快速决定性作战。

一体化联合作战的发展重点是要解决以下问题:构建以"互联、互通、互操作"为基点的高效指挥控制系统;研发以"精确、智能、高效"为主导的武器装备;建设以"轻型、模块、多能"为目标的一体化部队。

2. 分布化协同作战

分布化协同作战的核心思想是不再由当前的高价值多用途平台独立完成作战任务,而是将能力分散部署到多种平台上,由多个平台联合形成作战体系,共同完成作战任务。这一作战体系将包括少量有人平台和大量无人平台。其中,有人平台的驾驶员作为战斗管理员和决策者,负责任务的分配和实施;无人平台则用于执行相对危险或相对简单的单项任务(如投送武器、进行电子战或执行侦察任务等)。

例如,"马赛克战"是一种典型的分布化协同作战样式。"马赛克战"是指将大量低成本的、功能分布的、冗余部署的节点或作战单元由高级数据链连成一体,依靠无中心节点设计构建动态杀伤链,增强体系弹性,改变现有体系对抗作战链条线性单一的作战样式,其作战目标是利用信息网络创建一个高度分布式的杀伤网络,确保美国军事体系在竞争环境下发挥效能,并使节点最小化。"马赛克战"具体实现途径是指挥员将低成本、低复杂度的系统以多种方式连接在一起,以类似于"马赛克"艺术形式构建新的复杂的作战系统,在满足作战能力需要的同时,依靠作战系统潜在的重组方案,提升系统的生存能力。

3. 跨域化协同作战

跨域化协同作战以"跨域协同增效"为核心思想,以"将太空和网络空间与传统陆海空战场进行深度融合"为显著特点。跨域化协同作战不追求传统的对特定区域全面全时控制,而是利用非对称优势和跨域联合作战,以跨域方法夺取跨域优势,对局部关键领域进行掌控,确保完成作战任务。

跨域化协同作战深度融合陆、海、空、天、网电、认知六大作战域的各种作战能力;形成支撑介入行动的分布式跨域指挥控制、全域情报融合与共享、火力支援与时敏打击、多战线独立机动和部署、主被动结合防护重点目标、跨区域全球保障等多种能力;推动"战略—战役—战术"层的深度跨域融合。

4. 隐身化突破作战

隐身化突破作战以导弹和作战平台隐身为主要特征,穿透敌方严密设防的前线防御,渗透到敌方纵深实施作战的样式。

"穿透性制空"是典型的隐身化突破作战样式。"穿透性制空"是指美军针对传统制空作战面临的代价高、难度大等问题,应对中俄等大国防空作战能力强的特点，提出的新型的制空作战概念。此概念借鉴的是导弹突防概念，目的是让对手的防御系统看不见、辨不清、拦不了实施穿透的空中作战力量。"穿透性制空"可使美军自由进出敌方严密的防空区域实施作战行动。"穿透性制空"是美军适应强敌作战能力提升、自身经费缩减等现状，摒弃以往追求全空域控制而提出的新型作战概念。

5. 无人化智能作战

随着智能制导系统和自主系统技术的飞速发展，未来将出现导弹武器高度智能化的自主系统，使武器部分具有人类大脑的思维功能，改变现有导弹武器的作战模式。导弹武器将真正实现"发射后不管"，实现对目标的自主选择，结合各系统间的信息综合，完成对打击目标的最优打击点攻击。

（四）未来战场特征

1. 作战组织一体化

作战组织一体化包括"力量一体""信息一体""指挥一体""行动一体""保障一体"。"力量一体"是指各军兵种间将打破传统界限，跨域协同、有机整合、合理编组，构成一体化力量体系。"信息一体"是指未来作战以一体化信息体系为依托，强调"联网作战"，实现各参战力量的无缝衔接。"指挥一体"是指在一体化指挥体系控制下，各参战力量通过一体化网络作战平台紧密相连，战场信息能够瞬时、准确反馈到联合作战指挥部，作战指挥部的作战命令也能及时准确下达到各作战单元。"行动一体"是指基于多元一体的作战行动体系结构，以协同作战的方式进行作战。"保障一体"是指保障与作战行动之间不再有界限和区别，而是融为一体，成为作战的一个重要组成部分。

2. 作战空间全维化

作战空间全维化是指作战将在所有战场空间发生，涵盖当今（陆、海、空、天、网电、认知）和未来可能出现的新的战场空间。"全维"强调"跨域协同"，不仅强调自上而下一体化，更强调在复杂的对抗环境下，实现陆、海、空、天、网电、认知等领域的无缝集成，而且太空空间和网电空间行动将比过去更紧密、更灵活地融入陆海空战场。

3. 武器装备智能化

武器装备智能化是指利用人工智能等技术，使武器装备具备协同配合、自主信息获取与决策的能力。例如，未来的导弹将具备战场实时识别、多目标选择、复杂环境下抗干扰、协同攻击等能力。

4. 作战实施精确化

作战实施精确化包括两层含义：一是高精度武器成为战争主战武器；二是在未来战争的所有空间战场，都将是"精确作战"，即能够精确侦察，全面掌握战场情报，准确了解实时战态，并能够精确定位、精确指挥、精确打击、精确保障，实现精确化控制，确保战争精确进行。

5. 作战规模有限化

作战规模有限化是指未来的战争在一定时期内将以局部战争为主，爆发世界大战的可能性不大，主要是民族、宗教、领土、资源等因素引发的各种武装冲突和局部战争。

高技术武器将成为未来战争中的主要作战装备，这使得战争造成的灾难将远远超过以往的传统战争。因此各国都会竭力避免战争和武装冲突的爆发，实在无法妥协，也会尽量将战争控制在一定的范围之内。智能化战争中，将主观有计划、有步骤地控制战争结果，战争进程的可控性明显提高，将可能通过剥夺敌方使用空间设施和信息网络的权利，或使用远程快速精确打击武器消灭敌方军政高层的方式，在最短时间内结束战争或加快战争进程，以减少附带杀伤。

6. 作战目标多元化

作战目标多元化是指在未来战争中，随着作战领域的拓展、武器种类的丰富、作战观念的进步，打击目标的种类也将多元化、复杂化。

当前激光技术、高功率微波技术与电磁导轨炮技术等新概念武器技术已进入全系统演示验证阶段。定向能武器、携带进攻性或防御性武器的自主式无人系统、空天机动飞行器、战役战术高超声速武器等，有望于不久的将来投入战术应用，将形成以常规隐身飞机、战术弹道导弹、巡航导弹、隐身无人攻击机、高超声速导弹、空天机动飞行器，以及激光、电磁炮、高功率微波等新概念武器组成的多元高端武器威胁。

7. 作战手段信息化

作战手段信息化体现在两个方面：一方面是作战武器信息化，未来作战武器的信息化程度将大大提高，如虚拟显示技术可实现攻击对方军事枢纽、破坏经济命脉等多种目的；另一方面是未来战争将以信息化技术为依托，信息系统保障将对作战效能发挥起到至关重要的作用。

智能化战争将利用信息化网络控制技术，把分布在整个战场的所有情报、侦察、监视系统、指挥控制系统和武器连成一个"无缝"信息网络体系，利用信息优势，提高战场感知和共享程度，增强协同作战能力，最大限度地发挥体系的作战能力。

8. 作战形式无人化

无人化智能作战将是未来一种重要的作战方式。无人装备将具有更高的作战效能，将对未来战争产生多方面的深远影响。无人装备不仅是作为一种武器直接参与战斗，在未来还可能是一种自主攻击的作战单元，将应用于发现、分类、定位、瞄准、打击、评估等作战链条的各个环节。

9. 作战形态"三非"化

"三非"作战是指"非接触作战""非线式作战""非对称作战"，三者相互联系，形成一个整体。

"非接触作战"是指依据超远感知能力，在远处先敌发现目标，通过远程精确打击武器，在敌打击范围之外摧毁目标。

"非线式作战"相对于"线式作战"而言，指作战双方不必像过去那样采取层层"剥洋葱"的战法，先打前沿，后打纵深，再打后方地域，而是以各种相应的武器系统，同时对敌前沿、纵深和后方实施打击；不再区分连、营、旅、军火力配系，而是将兵力和火力进行模块化的联合运用。

"非对称作战"实质就是"以己之长，克敌之短，出奇制胜"。非对称主要体现在作战力量的非对称、作战手段的非对称、作战空间的非对称、作战方法的非对称等方面。

10. 作战节奏快捷化

作战节奏快捷化主要体现在两个方面：一方面是对战场态势的"快速响应"；另一方面是对敌方目标的"快速打击"。这两者促成了作战节奏的快捷化。

"快速响应"是指作战指挥员能够快速感知战场态势，迅速做出作战指令，并能及时传达到各作战单元。

"快速打击"，一方面依靠高速机动信息化武器装备，利用战场网络，实现"发现即摧毁"；另一方面依靠高超声速导弹，实现战场时敏打击与远程快速打击。

二、未来导弹发展趋势

未来的导弹必须瞄准作战需求、发掘作战需求，适应战场形势和新型作战理论的需要，进一步提高性能、进一步拓展能力，朝着实战化、协同化、跨域化、自主化、体系化、一体化、通用化、多用化、作战平台化、弹药化、小型化、廉价化、激光化、高功率微波化、全电化等方向发展。按照对未来作战的影响层面将"十五化"划分为三类。

（一）适应未来战争形态的"五化"发展

1. 实战化

实战化是指导弹武器系统适应战场实际环境，能有效完成作战任务的特性，也就是武器装备要"好用、实用、管用"。"好用、实用、管用"是武器装备实战化的核心内涵。"好用"包括装备操作简便、管理简单、维修方便等；"实用"包括高使用价值、高皮实性、高效费比等；"管用"包括强任务达成能力、强非对称性、强威慑性等。

2. 协同化

协同化是指导弹武器以导弹群或导弹族的方式，实现协同作战的特性，也就是导弹武器装备适应分布式作战的要求。导弹通过与己方外部传感器、作战指挥作战平台的协同，可以丰富目标信息的来源并提升装备的探测远界；通过与己方导弹的协同，可从不同方向、不同层次攻击目标，提高对目标的成功打击概率。

3. 跨域化

跨域化是指导弹具备跨越如水下、低空稠密大气层、高空稀薄大气层等不同介质，具有良好飞行品质的特性，也就是导弹具有在不同域实施作战的能力。导弹跨域化可使导弹具备打击不同空域、不同介质中目标的能力，提升导弹的作战范围，避免目标跨域飞行带来的导弹拦截盲区。同时，导弹跨域化可对单一功能装备进行合并，精简装备型谱。

4. 自主化

自主化是指导弹武器不依赖于庞大、复杂的保障，实现导弹武器装备的自主感知、自主发射、自主飞行、自主打击、自主完成作战使命的特性，也就是导弹具备智能化能力。自主化是指导弹武器在弹上传感器综合技术和智能信息处理技术驱动下，通过在弹上配置必要的传感器和信息计算资源，实现自主感知、预测、规划、决策，实现基于自身作战平台的"小闭环"与战场 C^4ISR 系统的"大闭环"相结合。导弹武器装备的智能化涵盖内容丰富，在技术层面所涉及的内容主要有作战平台自主作战策略生成、自主路线规划和规避、导弹对战场环境的智能感知与对抗、导弹导引头对目标智能识别、导弹系统打击策略自主生成等。

5. 体系化

体系化是指导弹武器系统灵活嵌入体系的特性，以及基于导弹作战平台构建打击体系的特性，也就是依靠导弹的体系能力弥补作战体系中预警、探测、指挥和控制能力的不足。导弹体系化可使导弹的性能需求指标更加合理，优化导弹设计难度，避免己方装备功能出现交叉、重叠或空白，有助于合理规划装备的发展体系，提升装备研制经费的使用效率。

（二）提高未来武器装备作战效能的"七化"发展

1. 一体化

一体化是指弹上设备一体化、发射装置一体化、导弹与系统一体化等特性，也就是导弹适应于模块化、系列化发展，适应于装载不同的发射作战平台、执行不同的作战任务。

导弹一体化可减少导弹的体积和质量，提高导弹的使用维护性。同时，一体化可降低飞行器自身的消极质量，提升导弹有效载荷占导弹全弹比重，提升装备的性能。

2. 通用化

通用化是指在导弹实现基本型、系列化、型谱化的基础上，实现导弹种类、型谱减少和各军种通用的特性，也就是导弹能够适应各军种不同作战需求的能力。

导弹通用化可在满足作战要求的前提下大大降低装备的成本，提高装备的性价比。同时，导弹的通用化将改变目前弹种繁多的局面，方便部队的操作使用。

3. 多用化

多用化是指适应导弹多类目标打击、多目标有效毁伤、多样化使命任务的特性，也就是"一弹多能""一弹多用"的能力。

导弹武器多用化可大大增加装备的战场适应性。在未来复杂战场环境下，导弹多用化可提升装备的战场应变性，能够更好地应对各种突发情况，同时提升导弹的智能水平。

4. 作战平台化

作战平台化是指导弹作为投送作战平台、实现不同载荷有效投送的特性，也就是把导弹作为作战平台运用的能力。

导弹武器作战平台化可更加充分利用导弹的探测信息，提高导弹武器对战场的贡献度，导弹作战平台化可实现装备"察打一体"能力，缩短导弹介入战场的时间，提升装备反应的快速性。

作战平台化包含"作战平台多用"和"作战平台多能"两个特点。"作战平台多用"是指在导弹研制过程中，通过贯彻基本型、系列化设计思想，突出"三化"设计理念，形成通用基本配置硬件，通过装载不同载荷模块衍生不同用途、不同定位的型号。"作战平台多能"指导弹不再只是单一完成打击任务的战斗部运载工具，通过拓展信息获取与处理能力、加装软硬对抗系统，兼具了以往作战平台的一些功能。

5. 弹药化

弹药化是指导弹武器系统长时间免维护，实现导弹武器可靠战备的特性，也就是导弹野战化能力。

导弹已发展成为集光、机、电、化于一体的高成本、高技术装备，结构越来越复杂、技术含量越来越高、价格越来越昂贵，维修价值也越来越明显。导弹武器装备的日益高科技化对导弹的维护工作提出更新、更高的要求。导弹的弹药化就是要求未来导弹的技术准备项目逐步减少、准备工作更简单、战斗值班时间增长。

6. 小型化

小型化是指导弹武器装备适应内埋化、无人化作战平台和高密度装填的特性，也就是导弹的灵巧性能力。

小型化将成为未来导弹发展的重要趋势之一，主要基于以下几个因素：从抗饱和攻击来看，来袭武器的火力密度越来越高，对防御武器的抗饱和攻击能力提出了更高的要求；从武器采购成本来看，导弹小型化后能带来单车或单舰携带导弹数量的提升，且降低了武器装备成本；从作战平台的机动性和通用性来看，导弹武器的小型化可以有效增加单个作战平台的装载数量，有利于部队快速部署机动，降低后勤保障的难度。

7. 廉价化

廉价化是指利用颠覆性技术和技术洞见，大幅降低导弹武器装备研发成本和全寿命周期费用，也就是导弹"用得起"的能力。

导弹作战是导弹武器消耗性作战，导弹武器是高科技装备，价格高昂，即便是经济发达、军事实力雄厚的超级大国，也无法承受现代战争的高成本，也要寻求导弹低成本化。

（三）替代未来导弹技术的"三化"

1. 激光化

激光化是指将高功率激光武器小型化和实战化，安装于地面车辆、水面舰艇、空中有人/无人飞机、导弹作战平台之上，形成对空天作战平台、飞机、导弹等目标的摧毁和干扰能力。

由于激光能量大，可以持续实施激光射击，成为防空反导导弹的替代方案。随着激光功率和能量的进一步加大，其防空反导的作战范围也将进一步提升。

2. 高功率微波化

高功率微波化是指将高功率微波武器小型化和实战化，安装于地面车辆、水面舰艇、空中有人/无人飞机、导弹作战平台之上，形成对空天作战平台、飞机、导弹等目标的摧毁和干扰能力，特别是对电子装备形成"前门"和"后门"的耦合杀伤。

由于高功率微波武器能量大，可以持续实施微波射击，成为防空反导导弹的替代方案。随着微波功率和能量的进一步加大，其防空反导的作战范围也将进一步提升。

3. 全电化

全电化是指以化学能为主要形态的导弹发动机、战斗部及其弹射动力系统，在未来被全电推进、电磁脉冲杀伤、电磁弹射等全电的形态替代。

全电化将进一步促进导弹的模块化、通用化和小型化，改变导弹精确打击和杀伤的样式，进而改变战争形态。

三、未来的导弹作战

在未来的智能化战争及新的作战样式下，导弹作战样式也将产生重大变化，需要在原有基础上，补充和完善导弹作战原则、导弹作战体能与素质、导弹作战技术与技能、导弹作战战术与战能以及导弹作战运用相关内容，成为指导未来导弹发展和导弹作战运用新的理论框架。

（一）未来的导弹作战一般原则

1. 形散能聚，攻防一体，导能结合

增加的"导能结合"主要是指随着激光能和高功率微波能以及电磁能的逐步成熟和实战化应用，导弹武器装备与定向能武器装备将并肩作战。

2. 集中火力，汇聚能量，重点打击

增加的"汇聚能量"是指集中优势的定向能和电磁能打歼灭战。

3. 信火结合，协同运用，智能打击

增加的"智能打击"是指利用智能化的精确打击体系和智能化的导弹，自主智能进行攻击规划、搜寻识别目标、自主突防和抗干扰，对目标实施智能化的打击。

4. 迅猛精准，灵活持续，自主算力

增加的"自主算力"是指导弹作战将不再依赖于体系和作战平台的支撑，通过"六觉"和"六识"，依靠机器学习、大数据处理的计算能力（简称"算力"),形成智能的精确打击。算力将成为战斗力的重要组成部分。

对导弹进攻作战原则和导弹防御作战原则的表述可不作变化,但在内容阐述上,需相应增加未来导弹和导弹作战运用的特征和要求。

(二)未来的导弹作战制胜要素

1. 未来的导弹进攻作战制胜要素

第三章给出了"远、快、狠、隐、抗、高"的导弹进攻作战制胜要素。根据未来导弹分布式作战和智能化作战的发展趋势,相应增加"分"和"智"两个制胜要素。"分"是指分布式导弹进攻作战,"智"是指智能化导弹进攻作战。

未来的导弹进攻作战制胜要素则表述为"远、快、狠、分、隐、智、抗、高"。

2. 未来的导弹防御作战制胜要素

第三章给出了"远、广、快、多、强、高"的导弹防御作战制胜要素。根据未来导弹分布式作战和智能化作战的发展趋势,相应增加"分"和"智"两个制胜要素。"分"是指分布式导弹防御作战,"智"是指智能化导弹防御作战。

未来的导弹防御作战制胜要素则表述为"远、广、快、分、多、智、强、高"。

(三)未来的导弹作战体能与素质

1. 未来的导弹作战体能

第五章给出了导弹体能指数的表征。

导弹体能指数:

$$\beta = \alpha \times l = \frac{k \times m_z \times n \times v^2 \times l}{P \times M_0 \times \sqrt{RCS \times H}}$$

未来导弹的最大特征是智能化,而智能化主要体现在导弹感知维度上,亦即导弹"六觉"中采用了其中的觉数,把觉数记为 j,则导弹的体能指数与 j 成正比,觉数 j 越大,导弹智能程度就越高,导弹体能指数就越大。

将未来的导弹体能指数记为 γ,则 γ 的计算公式为

$$\gamma = \beta \times j = \alpha \times l \times j = \frac{k \times m_z \times n \times v^2 \times l \times j}{P \times M_0 \times \sqrt{RCS \times H}}$$

式中,j——导弹感知维度。

2. 未来的导弹作战素质

未来导弹的体能指数最终取决于速度 v、射程 l、机动过载 n、战斗载荷质量 m_z、目标数量 k、导弹感知维度 j、起飞质量 M_0、目标雷达反射面积 RCS、飞行高度 H、批产价格 P 等 10 项素质。

（四）未来的导弹作战技术与技能

第六章阐述的导弹作战技术与技能是按照导弹精确打击链条展开的。由于智能导弹可以自主完成导弹作战链条的各项任务，作战链条形式上将不复存在。未来的导弹作战技术主要体现在自主智能的导弹作战技术方面。

1. 单体导弹智能作战技术

单体导弹智能作战技术是指单发智能导弹在不依赖或少依赖体系信息支援的情况下，自主发现和识别目标、自主感知战场态势、自主进行威胁判断、自主规划飞行航迹、自主优化突防和抗干扰手段、自主对目标实施高效打击的导弹作战技术。

例如，LRASM 反舰导弹是典型的智能导弹。

2. 群体导弹智能作战技术

群体导弹智能作战技术是指进行分布协同攻击的导弹组群，通过充分利用和融合每发导弹的信息资源，形成群体导弹的智能，从而自主发现和识别目标、自主感知战场态势、自主进行威胁判断、自主规划飞行航迹、自主优化突防和抗干扰手段、自主分配目标并对目标实施高效打击的导弹作战技术。

3. 智能打击导弹作战技术

智能打击导弹作战技术是指智能化的导弹作战体系实施的导弹智能打击。与传统的导弹作战体系相比，智能化的导弹作战体系取消了人在回路的决策和指控，加快了作战链条的衔接运转，缩短了 OODA 作战环的闭环时间，是未来导弹作战最基本的智能作战样式。

导弹作战体系的智能要高于导弹的智能，更应当顶层规划、同步推进。不能以导弹的智能代替或影响导弹作战体系的智能，不能埋头于智能导弹而忽视智能打击。

（五）未来的导弹作战战术与战能

第七章阐述了导弹作战战术与战能，是按导弹作战制胜要素展开的。根据未来的导弹作战制胜要素增加了"分"和"智"两个要素，考虑到导弹进攻作战和导弹防御作战"分"和"智"具有共性，未来的导弹作战战术在"分"和"智"方面不再对进攻和防御进行区分。

1. 分打作战战术

一是引导式分打作战战术，是指由作战平台雷达引导分布式攻击的导弹组群对目标实施打击的导弹作战战术；也可以由多个作战平台进行接力引导。

二是势导式分打作战战术，是指由体系给出敌方目标的态势级信息，分布式攻击的导弹群组在外部提供的态势级信息连续引导下飞向目标，导弹截获目标后对目标实施打击的导弹作战战术。

三是领导式分打作战战术，是指由分布式攻击的导弹组群中的领弹提供目标信息，带领导弹组群对目标实施截获、分配和打击的导弹作战战术。

四是自导式分打作战战术，是指针对携带多枚子弹的导弹，利用抛洒前子弹固联的特点，将每个子弹的雷达导引头进行协同相参探测，从而提升导弹的探测能力，特别是提升对隐身目标的探测能力，在较近距离分配目标和抛洒子弹后，由子弹截获和攻击不同目标的导弹作战战术。

五是分导式分打作战战术，是指协同攻击的导弹组群，将各自获取的目标信息实时共享，通过信息融合提高导弹制导精度和打击能力的导弹作战战术。这种打击方法可以使用若干个低探测精度的导弹，通过制导信息共享，实现高性能的目标探测和高精度的导弹打击。

2. 智打作战战术

一是智能战场感知导弹作战战术，是指智能精打体系和智能导弹在外部信息辅助下，自主感知战场态势信息，形成威胁判断的导弹作战战术。

二是智能发现识别导弹作战战术，是指根据自主感知的战场态势，从众多目标中，智能筛选出需要打击的目标，并对目标进行发现、分类、定位的导弹作战战术。

三是智能航迹规划导弹作战战术，是指根据自主感知的战场态势和威胁判断，对飞行航迹进行重新规划，避开敌方的防御"锋芒"，寻找并规划导弹能够沿着敌方防御的缝隙实施进攻的导弹作战战术。

四是智能突破防抗导弹作战战术，是指导弹自主智能感知所面临的拦截威胁和干扰类型，并据此自主形成最佳的突防措施和抗干扰方法，以有效提升导弹的突防能力和抗干扰能力的导弹作战战术。

五是智能目标分配导弹作战战术，是指群体智能导弹对自主感知的目标进行自主分配，形成"多对多"的导弹打击的导弹作战战术。

六是智能高效打击导弹作战战术，是指导弹自主选择目标的打击区域，以对目标进行失能等高效毁伤的导弹作战战术。

（六）未来的导弹作战运用

1. 基于打击目标的未来导弹作战运用

一是分布式打击目标的未来导弹作战运用，是指利用分布式攻击的导弹组群对目标实施"多对一""多对多"的导弹打击的导弹作战运用。

二是智能式打击目标的未来导弹作战运用，是指利用单体智能导弹、群体智能导弹和智能打击体系对敌目标实施智能导弹打击的导弹作战运用。

2. 基于作战对手的未来导弹作战运用

一是分布式导弹打击不同的作战对手，是指根据不同类型的作战对手，采用不同的导弹组群进行分布式导弹进攻的导弹作战运用。

二是智能式导弹打击不同的作战对手，是指智能精确打击体系自主判断作战对手的类型，自主形成单体智能导弹和群体智能导弹的打击方案和组合模式，并根据作战对手的类型形成最佳的应对策略和导弹作战的技战术方法的导弹作战运用。

3. 基于联合作战的未来导弹作战运用

一是分布式导弹联合作战，是指对于不同军种、不同作战平台、不同种类的导弹进行分布式的导弹攻击的导弹作战运用。这需要分布式协同数据链能够跨越不同的作战域、不同的军种、不同的作战平台和不同的导弹种类。

二是智能式导弹联合作战，是指智能精确打击体系自主形成导弹联合作战的任务协同、区域协同、程序协同、空间协同和时间协同，以提高联合作战效果和效益，缩短导弹联合作战 OODA 作战环闭环时间的导弹作战运用。

后　　记

构思此书历时6年，完成写作和修改历时2年，其中经历三次重大修改。由于作者长于对导弹武器系统的了解，短于对导弹作战运用特别是导弹作战理论的素养，构思和写作历尽艰难。好在有众多作战理论的书籍可以学习，有众多的专家可以请教，有未来导弹创新实践可以推动，有与导弹作战相关的基础研究成果可以借鉴，有坚韧不拔的毅力可以支撑，终于完成近20万字的创作。

本书写作得到了航天科工二院、三院，航天科技五院、十二院，空空导弹研究院，国防大学，海军工程大学，北京理工大学等单位的帮助和支持。得到了景涛、李大鹏、刘忠、薛翔、徐玮地、胡晓峰、欧阳维、綦大鹏、葛立德、张伶、果琳丽、李庆民、邱志明、朱云集、傅盛杰、吴勋、谢平、王长青、庄剑、毛凯、宁国栋、张忠阳、李陟、张维刚、唐明南、许波、钟世勇、樊会涛、朱广生、祝学军、郭凤美、武立军、姜百汇、卓志敏、张承龙等专家的指导和帮助。荣景颂、李林林承担了文字录入和校对工作。在此一并表示感谢。

感谢家人一直以来所付出的真情关怀和坚定支持。

目光
2020年3月